NF文庫
ノンフィクション

ゼロ戦の栄光と凋落

高性能にこだわり過ぎた戦闘機の運命

碇 義朗

はじめに——堀越二郎氏覚え書とメモ

私は飛行機が大好きだったところから新設の東京都立航空工業学校に入り、太平洋戦争の二年目から立川の第一陸軍航空技術研究所でキ93襲撃機の設計試作を始め、飛行機の仕事にかかわったことから戦後も飛行機への未練もだしがたく、飛行機ものを主に本や雑誌に書くようになった。中でも忘れられないのが『航空ファン』誌一九六七年十一月号から一九七〇年二月号まで二八回にわたって連載した「零戦とその設計者」で、そのきっかけは零戦の設計主務者だった堀越二郎氏との偶然の出会いによるものであった。

戦後間もない一時期、旧日本陸軍で今のミサイルに相当する無線誘導弾の研究をしていた大森丈夫技術中佐が社長をしていた東京機械化工業という会社に身を寄せていた私は、戦後の航空再開を記念して読売新聞社が企画した「よみうりY1ヘリコプター」開発の作業を会社が引き受けることになったところから、その基礎実験用模型の図面を書いていた。

そんなある日の夕方、そろそろ終わりにしようかなと思ったとき、ふと人の気配がしたので顔を上げると、机の向こうに海軍の零戦設計者として著名な堀越二郎氏が立っておられた。読売Y1ヘリコプター開発プロジェクトの技術顧問をしておられた関係から会社に見えたとのことだった。

そんなことから零戦開発物語を「零戦とその設計者」のタイトルで『航空ファン』誌に連載するようになった。書き上げた原稿はそのつど、堀越さんに御目にかけて校正をしていただいたが、その結果、かつて速度と格闘性を両立させ、これに加えて長大な航続力を持って世界を震撼させた名機零戦も決して一代で成ったものではなく、それより二代前の昭和七年に試作された七試艦戦、続く九年度の九試単戦の経験を経て数々の新技術を取り入れた九試艦戦の発展型として位置されるということが分かった。

「零戦の堀越さんに零戦の話をさせようとすると、ほとんどいつも九六艦戦（試作名九試単戦）に連れて行かれてしまう。零戦が余りにも有名だったため、今は玄人筋しか九六艦戦のことを知っていない。ところが堀越さんに言わせると、この九試こそ零戦への道を切り開いた突破口であると、感慨深いものがあるようだ」と、東大教授だった佐貫亦男先生はその名著『飛行機の心』の中で述べておられる。

ここで、私が零戦について執筆を始めた頃に、堀越二郎氏から送っていただいた十二試艦戦に関するご自身の覚え書と雷電のエンジン選択のメモを紹介したい。

堀越資料その1（十二試艦戦に関する）

一、矛盾に満ちた要求

㈠対戦闘機格闘力＝軽快性…小さいエンジンである程度は賄える。日本はエンジンの馬力の競争でおくれている

㈡速度・上昇力 ｝大馬力を要す
比類なき航続力 ｝＝軽快性と両立しない ｝日本は同じやり方では先進国に負ける
重武装

㈢艦戦にして陸戦を凌駕する性能

二、矛盾に満ちた要求は国情が要求しているのだ。これに精一杯応えようとして考えた手段

㈠候補エンジンから小形の方をまず採用し、パイロットの至上要求「艦戦は何を惜いても軽快性」に応える

㈡極力軽構造、抵抗の減少、やや大き目の翼面積をもって要求㈡への接近を計り、後で大きいエンジンに換える時機を狙う

㈢しかし、エンジン馬力の劣勢と飛行機用材料・燃料の海外依存は半永久的に日本の宿命であるから、世界中の設計者が考えない設計コンセプトを考え出して実行しなければならない

新しい設計コンセプト

(イ) 強度規定の不合理をつく。安全率の合理的な引下げ、贅肉の徹底的排除
(ロ) 重量軽減に役立つ新材料を探して採用
(ハ) 材料節約に通ずる重量軽減を工数節減に優先させる
(ニ) 高速・低迷を通じて昇降舵操舵応答性（操縦感覚）の改善
(四) ついに残った弱点
(イ) 日本の工業力、技術マンパワーの劣勢の暴露、補給戦に敗れる。開戦一年に満たずしてつまづく
(ロ) 防弾及び急降下速度の要求なし（小さい馬力で欲ばった性能要求の矛盾の裏返し）
(ハ) 長期戦でエンジン馬力の遅れによる不利も目立つ

三、海軍部内に起った誤判と意見分裂
(一) 戦闘機の種類の分化論
艦戦（艦隊防空・近距離掩護）
局地防空陸戦
遠距離掩護機
(二) 戦闘機用機銃
(三) 爆撃機と戦闘機の防弾の必要性の差を誤判

堀越資料その2（雷電のエンジン選択）

「火星13」とDB601

十四試に対して私が選択可能だったエンジンは空冷星型14気筒の「火星」13型と液冷V型12気筒のダイムラーベンツ601Aの国産化だった。325ノット（600㎞／h）以上という要求に対して、大直径の火星を採用するにはその正面々積の生む抵抗をへらす特別の手法が必要であった。私は空技廠の空力研究班の推奨する延長軸によってプロペラを前に押し出し、カウリングの前端空気取入口をしぼり、その後方を紡錘形にならした形を採用することにした。二種類の戦闘機の重量と性能を概算してみると、火星局戦は正規総重量が数パーセント重く、最大馬力が約20％大で、全開高度が1000mも高いにかかわらず、最高速度は数％少と出た。

しかも火星局戦には新手法の効果の疑問、とくに予見される馬力増大の少なさ、すなわち速度高上の余裕の少なさ、異常に太い胴体に伴う視界の不利などが潜存した。（601A局戦の最高速は600㎞／hと出たが、これは偶然にもアリソンV1750—F3Rを装備した初期のムスタングの最高速とほとんど同じであった）

海軍はこの戦闘機の実現は是が非でも必要だという見地から、十三試艦爆などには認めた601A採用のリスクは本機には許せないとして、あとで火星を指定した。

私は初めて日本がよい液冷エンジンをもたぬことのハンディキャップを痛感した。そして、世界を見渡して、最高の性能と信頼性を併有するロールスロイスの液冷エンジン、とくに〝マーリン〟をもつイギリスをうらやんだ。

火星と〝マーリン〟を比較すれば、後者は正面積が約55％、冷却系統を含めた重量はほぼ同様、高空性能は同日の談でないくらいまさっていた。つぎのことははっきり云える。スピットファイア、ムスタングと雷電との差は90パーセント以上エンジンに帰せられる。性能と実用性の両面において、もしはじめから〝マーリン〟が与えられたら、日本の海軍戦闘機の地図は全く変っていたであろう。

ムスタングの採用した層流翼も、冷却器の推力利用法も、日本の設計者には耳新しい手法ではなかった。その上、われわれには軽構造で自信があった。〝マーリン〟の後期型と「十七試艦戦烈風」とを結びつけて考えても、感慨は同じである。それから星移りジェット戦闘機の時代になっても、軽量小型のエンジンが戦闘機の死命を制することに変りはない。単発軽量戦闘機の花F－104、双発重量戦闘機の雄F4Hも軽量大推力のJ79エンジンに負うところが大きいのである。

よく知られているように、零戦については、これまで内外の多くの人々によって、さまざまな切り口で語られているが、そのゼロ戦を生むきっかけとなった七試艦戦、九試単戦を足場に、設計主務だった堀越二郎氏の技術展開の思想とその実績を追ってみようと思う。

二〇一〇年二月

碇　義朗

ゼロ戦の栄光と凋落――目次

第二章　ゼロ戦隊強し

第三章　ゼロ戦の死闘

第四章　あゝラバウル戦闘機隊

第五章　ゼロ戦の転機

第六章　落日のゼロ戦

写真・図版提供／著者・雑誌「丸」編集部

ゼロ戦の栄光と凋落

——高性能にこだわり過ぎた戦闘機の運命

第〇章——ゼロ戦誕生

注文主海軍の無理難題

ゼロ戦のチーフエンジニア、当時の言葉でいえば設計主務者の堀越二郎技師はやせた長身の人で、体があまり丈夫なほうではなかった。だから昭和十二年五月、ゼロ戦の前身である十二試艦上戦闘機（十二試艦戦）の計画要求書が海軍から交付されて間もなく、かぜをこじらせて肋膜《ろくまく》炎のような症状となり、会社を休まなければならなかった。

そこで設計課長の服部譲次技師や堀越の腹心としてずっと補佐役を勤めることになる曽根《そね》嘉年《よしとし》技師らが、海軍航空本部とかなり突っ込んだ検討を重ねた結果、正式の計画要求書が海軍から競争試作に加わる三菱、中島の両社に交付されたのは十月初旬のことだった。

この頃、中国大陸北部で起きた日本と中華民国両軍の衝突から起きた戦火は中国中部にまで拡大し、事態はのっぴきならない様相を呈していた。わが地上軍の攻勢に呼応して航空攻撃も激しさを増した結果、新聞やラジオは連日のように堀越チームが設計した九六式艦上戦闘機（九六艦戦）隊の華々しい活躍を、あたかも大勝したスポーツのスコアを発表するかのような調子で報じていた。そんな状況を反映してか、十二試艦戦に対する計画要求は、新しい戦訓が加えられて最初のものより一段と厳しいものとなっていた。
用途　援護戦闘機として敵の軽戦闘機よりも優秀な空戦性能を備え、邀撃戦闘機として敵の攻撃機を捕捉撃滅できるもの。
最大速度　高度四〇〇〇メートルで二七〇ノット（五〇〇キロ／時）以上
上昇力　高度三〇〇〇メートルまで三分三〇秒以内
航続力　正規状態　高度三〇〇〇メートル、公称馬力で一・二〜一・五時間、過荷重状態（増設燃料タンク装備）　高度三〇〇〇メートル、公称馬力で一・五〜二・〇時間、巡航にて六時間以上
離陸滑走距離　風速一二メートル／秒のとき七〇メートル以下
着陸速度　五八ノット（一〇七キロ／時）以下
空戦性能　九六式二号艦戦一型に劣らぬこと
武装　二〇ミリ機銃二梃、七・七ミリ機銃二梃、六〇キロ爆弾二個または三〇キロ爆弾二個（以下略）
これは前に堀越チームがやった九六艦戦にくらべて航続力と火力が倍増、速度と上昇力が一・五〜二割がた向上しているのに、一方ではずっと軽い九六艦戦なみの運動性を要求するという欲張ったものだった。しかも使えるエンジンは、これまでよりせいぜい三割か五割て

いどの馬力アップしか望めなかった。

このきびしい計画要求書を前にして、病いから職場に復帰間もない堀越はじっと考え込んでしまった。前作の九六艦戦にくらべて要求の内容があまりにも飛躍しすぎているのだ。同じ時期の列国の戦闘機とくらべてみても、艦上戦闘機では問題にならず、カーチスP40、メッサーシュミットMe109、スーパーマリン「スピットファイア」などの陸上戦闘機にしても、最高速度こそまさっていたが、火力や空戦性能、とくに航続距離にいたっては足元にもおよぶまいと考えられた。

堀越が休んでいた間、設計チームは九六艦戦の改造を主業務とし、十二試艦戦の方はむしろ片手間といった感じだったが、ふたたびチーフを迎えた設計チームには活気がよみがえり、新戦闘機の作業に弾みがついた。

年が明けて昭和十三年一月十七日、十二試艦戦の計画要求書についての海軍と会社側との合同研究会が、横須賀の海軍航空廠会議室で開かれた。この会議は注文主である海軍側から、開発の実務を担当する会社側に対してこの飛行機に対する計画要求を説明し、それが妥当であるかどうかを皆で審議しようというものであった。海軍航空本部から技術部長の和田操中将、航空廠長の前原謙治中将をはじめ関係者約二〇名、民間会社からは三菱の服部設計課長、堀越を含む四名、中島の関係者五名など約三〇名の人が集まった。

席上、三菱側の設計主務者である堀越は、「航続力、速力、操縦性のすべてに高い要求が示されているが、このうちどれかの要求を少し下げられないだろうか」と発言した。これに

曽根嘉年技師

応じて横須賀航空隊戦闘機隊長源田実少佐が「操縦性、格闘性など空戦性能を第一とすべし」と唱え、航空廠飛行実験部の柴田武雄少佐が「空戦性能は若干低下してもいいから速度と航続力に重点を置くべきである」と、それぞれ異なった意見を述べた。

源田少佐の主張は、戦闘機は翼面荷重を小さくすれば空戦性能は良くなるという当時の戦闘機パイロット一般の考えを代表するもので、重量増加につながる速度、航続力の要求は二の次でよいとする意見だった。

柴田少佐はこの意見に真っ向から反対、たとえ翼面荷重が大きくても馬力荷重が小さければ格闘戦に負けない。それに少しくらいの空戦性能の低下など訓練によって補うこともできるが、速度や航続力は設計時点で決まってしまうからこちらを優先すべきであるというのだ。

今この両者の意見を公平にくらべてみると、明らかに柴田少佐の方がスジが通っているように思われるが、会議の席上では二人ともかなりエキサイトし、第三者の意見が入り込む余地などなかったに違いない。

この二人は海軍兵学校同期で共に航空を志し、同じ戦闘機乗りとしてその操縦技量、経験共に十分なものがあったから自信も人一倍で、互いのライバル意識からも自説を誇示して譲らなかった。

このため、堀越の質問に対するはっきりした結論が出せないままに会議は終わってしまい、設計側が重い負担を背負う結果になった。このことについて堀越と一緒に会議に出席した曽根嘉年技師（戦後、三菱自動車工業社長）はこう語る。

「堀越さんが会社を代表して意見を述べましたが、一番問題だったのは計画要求書の最初の項目にあった〝敵の軽戦闘機に優越した空戦性能を有すること〟というくだりでした。ほかの項目は、たとえば速度にしても上昇力にしても数字で具体的に示してあるからまだいいが、空戦性能に関するものは抽象的で、敵の軽戦闘機といったって何を指すのか分からない。先にわれわれがやった九六艦戦ができたとき、空戦性能も前の九〇艦戦や九五艦戦よりよくなければというので、優秀なパイロットを九〇艦戦と九六艦戦の両方に乗せて空戦実験をやり、いろいろ直したら九六艦戦が勝つようになった。陸軍の戦闘機とやっても勝ったし、中国大陸の戦闘でも敵戦闘機より断然強かったので、九六艦戦より強ければ空戦性能に関しては世界のどの戦闘機にも負けないという結論になりました」

つまり三菱の海軍戦闘機設計チームは、空戦性能については自分たちが先にやった戦闘機に勝つことを目標に設計を進めなければならない羽目になった。しかし、九六艦戦にくらべてエンジン出力が約五〇パーセント、全備重量が約六〇パーセントも上まわり、最高速で一〇〇キロ／時以上も速い戦闘機で、九六艦戦より軽快な運動性を要求することは、誰が考えたってムリと思うのが当然だった。

堀越の質問はこの矛盾を突いたものだったが、計画要求はほとんど修正されることはなかった。そこで三菱では強力に設計を進めるため、設計主務者堀越二郎技師のもとに優秀なメンバーを配した総勢三〇名を超える設計チームを発足させた。一方、ライバルとなるべき中島飛行機は、多くの仕事を抱えて人手が足りないことを理由に競争試作を降りてしまった。

チーフエンジニア堀越二郎

一八九四〜五年の日清戦争、一九〇四〜五年の日露戦争と、当時の日本は二大強国と戦争した。そのころの中国およびロシアが宮廷政治の末期にあって、強大な国力も十分な総合戦力として発揮することができなかった。それにひきかえ新興国日本は持てる力を振り絞って立ち向かい、勝利を収めた。それはまた、滅び行くものと新たに興《おこ》るものとの勢いの差でもあった。

この二つの戦争で創設いくばくもない日本海軍の連合艦隊は、数と戦闘力ではるかに勝る清国海軍を打ち破り、日本海海戦ではロシア海軍にパーフェクトゲームに近い圧倒的な勝利を収め、世界に日本の強さをアピールした。しかもこれらの戦争のあと、両国ともそれぞれ王朝が滅びて大きな革命に発展し、わが日本がようやく長い間の孤立から脱して世界史の舞台に登場する端緒ともなったのである。

後年の世界的な名戦闘機設計者堀越二郎が明治三十六年、すなわち日本が総力をあげて当時の強国帝政ロシアを相手に戦った日露戦争の前年、一九〇三年に生まれたということは、きわめて運命的である。それはまたアメリカでライト兄弟が世界ではじめての飛行に成功した年でもあり、航空機時代の夜明けのときでもあった。その後、急速に発達した飛行機はやがてわが国にも紹介され、チャールズ・ナイルス、アート・スミス、キャザリン・スチンソンら外国の飛行家たちがつぎつぎに来日してはスタントの妙技を公開した。雑誌『飛行少年』は、当時の飛行機好きの少年たちにとっては欠くことのできないものだったが、少年堀越もまた雑誌に載った飛行機の冒険小説を夢中になって読んだ。

物語に没入しながらも多感な少年の想像力は、いつしか未来の飛行機へと発展していった。「道路から好きなときに、スーッと飛び上がれたらどんなにすばらしいだろう。客船に代わって空中を速く飛べる豪華な大型旅客機もいい。飛行機の中は広くて自由に散歩でき、ゆったりくつろげる広間で人々は楽しそうに話をしている。空からの大陸や海の眺めは絵のように美しく、それは船よりもはるかにすてきな旅行になるに違いない。冒険もぜひ飛行機でやりたい。アマゾンの奥地や人の近寄れないような険しい山岳地帯にも行ける特殊な飛行機があったら、いろいろと面白い探検ができるのではないか」

少年堀越の空想はつぎつぎに広がったが、こうした飛行機の平和利用についての少年の夢が、のちに九六艦戦、ゼロ戦、「雷電」「烈風」など戦闘機専門の設計者にとって変わらなければならなかったところに運命の皮肉があり、不幸な日本の歴史があった。

口数が少なく、人づきあいがあまり得意でない堀越は読書が好きで、家にあった本を手当たり次第に読んだ。それは古今東西の英雄や偉人の伝記から、あたかも開花のときを迎えていた近代日本文学の世界にもおよんだ。

飛行機に惹かれはしたが、歴史や文学の広大な世界に魅せられた堀越は、中学から高等学校（旧制）にいたる時期にはほとんど飛行機を忘れていたといってもさしつかえない。しかも技術者になるために、とくに数学や理科に力を入れて勉強するといったこともなく成績はいつも一番で、「ああ玉杯に花うけて」の寮歌で名高い第一高等学校の理科甲をトップの成績でパスした。

「およそ目立たない人だった。あまり騒ぐことも好まないし、口数も至って少ない。だからエピソードらしきものは何もない。入学試験は一番でパスしたのだからもちろん優秀には違いないけれども、特別にガリ勉をしないから在学中の成績はだんだん下がった。しかし、三年になるとまた上がって、卒業のときの順位は一ケタになっていたようだ。しかも、東大に入るときはまた一番だったから驚いた」

と、当時一高の寮で同室だった柳川昇（弘前大学長、東大名誉教授）は語っている。

一高時代はほとんど空を忘れていた堀越であったが、大学受験に際して志望校を選ぶ段になって、自分の生涯を託すものとして改めて少年の日の夢を思い起こすことになった。『飛行少年』の感動はふたたびよみがえり、現実のものとして手のとどくところに近づいたわけだが、これより先の大正七年（一九一八年）に東京大学（当時は東京帝国大学）は工学部に航空学科、理学部に航空物理学講座を開設、越中島に大学付属の航空研究所をつくって、いち早く航空の研究と技術者の育成に乗り出していた。

新設間もない東大航空学科に、中西不二夫という後に航空エンジンの権威として有名になった助教授がいたが、堀越は兄の友人だった中西助教授の勧めでエンジンではなく機体を選択した。

大正十三年（一九二四年）四月、難関を突破して同じ東大航空学科の門をくぐることになった機体専攻の七人の中には、木村秀政（東大航空研究所—日大教授、航研機やA26超長距離機などの設計に参加）、土井武夫（川崎航空機、陸軍キ45「屠龍」、キ48九九式双発軽爆撃機、キ61「飛燕」などの設計主任）、駒林榮太郎（航空局）、由比直一（堀越と同じ三菱に入り、生産部門で活躍した）ら錚々《そうそう》たる人たちがいたが、ここでも堀越は一高時代の姿勢を崩そうとせず、依然として無口で自分から積極的に議論を仕掛けるということはなかった。

クラスメートだった木村秀政教授は、

「時に融通がきかないと思われるくらい生まじめでしたが、成績はきわめて優秀だった。派手に才能をひけらかすタイプではないが、時にずばり核心を突く発言をして感心させられた」

と評していたが、堀越は〝融通がきかない〟という言葉が気に入らなかったらしく、筆者が木村教授の言葉を伝えたら渋い顔をしていたような記憶がある。

かつて雑誌『丸』に連載された「零戦」の中で堀越は、自己について次のように分析している。

「私は対談でも壇上からの講演にしてもシャイ（でしゃばりの反対、はにかみ屋）であり、口下手である。私の武器は、歴史的に今の時点で、自分の置かれた条件というものを考えるクセがあった。しかし、いくら人より多くのことを考えても、シャイで口数が少ない方だから、人を説得して自分の考えに従わせることは、人一倍努力しないとできない。その代わりフリーハンド（自由に行なうこと）をあたえられると、自分の考えがらくに実行できる。頑固な人を口舌で説き伏せることは面倒だから実績で見てもらいたい、というふうな気分がある。当世流の性分ではないようだ」

このことからすれば、堀越には設計の実務よりもむしろ研究にたずさわる方が向いていたのではないかと思われ、自分でも卒業後しばらくは大学に残って航空研究所あたりで研鑽《けんさん》をつむことを望んでいたらしい。しかし、本物の飛行機づくりをやりたいという希望も捨てがたく、昭和二年春、大学卒業と同時に三菱内燃機株式会社（翌三年、三菱航空機に社名変更）に入社した。

あたかも海軍航空本部が四月一日に開設され、アメリカのリンドバーグがニューヨーク〜パリ間五八五〇キロの大西洋横断飛行に成功した年であった。

その後、アメリカ出張も含め経験を積んだ堀越は、入社五年目の二九歳にして早くも七試艦上戦闘機の設計主務者になった。たいへんな抜擢《ばってき》だったが、新しい低翼単葉式に挑戦しようとした意欲に実力がともなわず、失敗作となって二機の試作機だけで打ち切られた。しかし、三菱には技術者を育てようという社風があり、次の九試艦上戦闘機の設計主務者にふたたび堀越を起用した。これは七試の経験で堀越が設計者として成長したことと、海軍が難しい艦上戦闘機の枠をはずし、単に単座戦闘機としたことがあいまって成功作となった。そしていよいよ三代目、十二試艦戦に取り組むにあたって堀越の設計に対する考えはこうだった。

「……私は七試艦戦で低翼単葉形式を選んでいらい、世界のどの艦上戦闘機をも眼中に置いたことはなかった。陸上戦闘機と競う空中性能と、艦上機に不可欠な要素である低速での操縦性および発着艦性能を兼ね備えることを設計の目標としてきたので、競争相手はいつも世界の陸上戦闘機のつもりになっていた。とくにどの国のどの戦闘機を目標にということはなかったが、資源・技術力・産業力ともに何倍もまさっているアメリカやイギリスなどに負けまいとする結果、相手国のそれぞれの戦闘機の性能を総合した万能的な戦闘機、それも彼らより常に二、三割ないし五割も小さい馬力のエンジンを使って設計しなければならない宿命から、重量と空気抵抗の節減および安定・操縦性の洗練に向かって必死の努力をした。

しかし、限られた知恵の人間の仕事である以上、先のような条件のもとに万能の回答はありえない。艦上機は艦上機の制約を完全に振りほどくことはできないし、馬力の小さいエンジンではとくに速度と上昇力が劣るのは物理学の法則でどうしようもない。われわれの置かれた条件では結局、艦戦と陸上戦闘機の合の子のようなもので、敵が攻撃してくるならば、たとえ兵力と馬力が劣っても相手になれる空戦（格闘）性能を最重点に設計するのが賢明だと考えた……」

軽く軽く軽く

十二試艦戦の開発に挑む堀越チームの構成は左記のようになっていた。

計算分担　曽根嘉年、東条輝雄

構造分担　曽根嘉年、吉川義雄

動力艤装分担　井上伝一郎、田中正太郎

兵装艤装分担　畠中福泉

降着装置分担　加藤定彦、森武芳

これらの各担当技師にそれぞれ技手や図工を配し、総勢三〇名を超える設計チームを率いる堀越にとって何よりも重要なことは、設計の基本方針を打ち出すことであった。

堀越に限らず、当時の日本の設計者たちが一様に負わなければならなかった宿命的なハンディは、エンジンの馬力競争で常にアメリカやイギリスに遅れをとっていたことだった。戦闘機同士の空戦力だけが狙いなら、あるていどエンジンの非力を設計によってカバーすることもできる。

しかし、今度の十二試艦戦は速度と上昇力のほか、比類のない航続力と、艦戦としてははじめての二〇ミリ機銃の装備が要求され、いやでも重い機体になる。馬力荷重（飛行機の総重量を馬力で割った値、小さいほどパワーに余裕がある）を小さくするためには、常道として大きな出力のエンジンが望ましいが、そうすると軽快性が損なわれる恐れがある。有効搭載量が並外れて大きく、しかも軽快性を失わない戦闘機を、相手国よりパワーが劣るエンジンを使って実現する方法が果たしてあるだろうか。

海軍から示された計画要求書に指定された候補エンジンは、公称八七五馬力の三菱「瑞《ずい》星《せい》」一三型と、公称一〇七〇馬力の同じ三菱「金星《きんせい》」四六型の二種だった。どちらも二重星型一四気筒で、当時のわが国では大出力の部類に入るエンジンだった。のちに試作三号機から採用になった公称九五〇馬力の中島「栄」一二型は、このころはまだ試験台上で試運転の段階だったので候補に上らなかった。

堀越は「瑞星」と「金星」の二つの候補エンジンの中から、しばしためらったのち、小型で馬力の小さい「瑞星」を選んだ。外国の設計者なら文句なしに馬力の大きい方を選ぶところだし、堀越にしたって馬力の大きい「金星」をつけたほうが性能のよい戦闘機になることは十分に承知していた。

しかし、小さい方の「瑞星」をつけたとしても、十二試艦戦の全備重量は九六艦戦の最終型より五割も増えるし、「金星」をつけたらもっと大型で運動性の鈍い戦闘機になってしまい、「艦戦は何よりも軽快性が第一」とする海軍戦闘機パイロットたちにはとても受け入れてもらえそうもない。しかも十二試艦戦は競争相手のある試作として出発しており、もし相手が海軍パイロットたちの気に入るような小型で軽快な戦闘機をつくってきたらという懸念もあった。中島が会社の都合で試作を辞退したことを知らされたのは昭和十三年四月末、三菱の基礎設計が進んで実大模型の審査に入ったときだった。

ところで、多くの戦闘機パイロットたちが一番に要求していたのは軽快な運動性だった。広い意味の空戦性能となると、旋回性能だけでなく速度や上昇力も重視しなければならないが、彼らはどうしても旋回性能を第一とする従来の経験から離れられないでいたのだ。これを飛行機の設計に置きかえてみると、当時、世界的な風潮となっていた高翼面荷重に逆行して一段低い翼面荷重とするため、翼面積を増やさなければならない。

翼面積の増加を最小限にとどめて翼面荷重を小さくするには、できるだけ機体を軽くつくることで、あらゆる努力を払って重量軽減に努めることが、この飛行機を成功させる第一のカギであり、あれこれ計算をやっているうちに、堀越はひとつの法則を見出した。今の言葉で言えばグロース・ファクター、つまり重量成長係数とでも言うべきものだった。

飛行機で、不用意に一キロの重量増加が起こったとする。するとその増加ぶんを支えるための構造部材の強化が必要となる。そのための重量増加は、機種によって違うが、単座戦闘機クラスでおよそ一キロになると堀越は見込んでいた。そこで翼面荷重を同じ値に抑えようとすると翼面積を少し増やさなければならず、そのぶん重量も増えてさらに数百グラム重さが増えるから、はじめの不用意な一キロは最終的には二・五キロくらいの重量増加になってしまう。

そのうえ、わずかでも機体が大きくなったぶん抵抗の増加にともなう性能の低下が起きる。さらに言うなら、飛行機をつくるに要する材料や工数もふえるから、製作費も高くなる。

〃チリも積もれば〃のたとえで、こうした考えがもとになって重量軽減、すなわち機体をできるだけ軽くつくることが設計の最重点課題となった。

「思想的に、どんな小さなことでも、余分な重量は排除しようということになり、あとでいろいろな人からそんなにまでしなくてもと言われたくらい、堀越さんは徹底した重量軽減を指示しました」

計算および構造を担当した曽根嘉年技師はそう言っているが、ゼロ戦後部胴体内部のイラストに見られるように、軽量設計は徹底している。円框《えんきょう》（バルクヘッド）その他の部材の幅の狭いこと、その狭い幅の中に、それより小さい直径の重量軽減孔が丹念にあけられているのに驚かされる。重量軽減孔のことを当時はバカ穴といっていたが、バカ穴一個の重量軽減は数グラム単位に過ぎず、穴をあける手間の方がよほど高くついたと思われるが、堀越は自分の信念を貫き通した。

当時、アメリカやドイツでは材料節約より製作工数の低減に重点をおき、無駄が多くなるのを承知で大判の板を打ち抜いたパーツを使う傾向にあったが、資源の乏しい日本はこの傾向にむやみに追従すべきではない、というのが堀越の考えだった。だからたとえ野暮《やぼ》といわれようとも、大板打ち抜きよりも材料の無駄の少ない小さなパーツによるビルトアップ（組み立て式）構造をとるべきだし、それは同時に設計の最重点項目である重量節減に対しても効果があると考えられた。だから機体の構造設計に関して優先順位でいうと、まず軽量化、次に材料節約、そして工数は一番後ということになる。

この結果、部品点数や加工工数の増加をまねき、生産性に反するとして工場現場からは嫌われたが、堀越はいささかも意に介さなかった。

「機体には〇・六ミリとか〇・八ミリ厚のジュラルミン板が多く使われていたが、『これでいいと思われる板厚より一段薄い板厚の材料を使いなさい。思ったとおりやると、かならず重くなる』と、つねに言われた」

のちに計算係の曽根係長の下で重量計算を担当するようになった河辺正雄技師の言葉だが、こうした限界設計が、試作機時代および量産初期の段階での二度にわたる空中分解事故の直接間接の原因につながっているし、その後の武装および防弾の強化、そして性能強化のためのマージンの少ない飛行機として、その全盛時代の時期をいちじるしく縮めてしまったことは否めない。それはともかくとして、重量軽減に関する堀越の方針は徹底していた。

【図1】後部胴体の内部構造

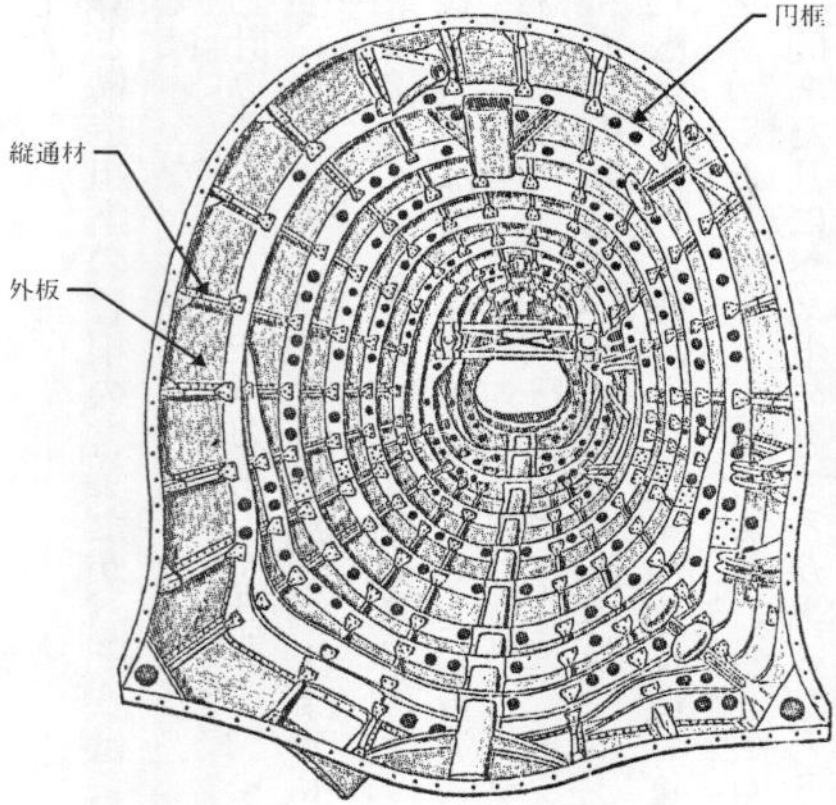

少しでも軽くするため、円框には肉抜きのバカ孔が多数あけられ、縦通材や外板の板原も場所によって微妙に変えていた。

「プレスでジュラルミン板を打ち抜くようなところはまだいいが、鍛造や鋳物の部品などは重量を減らすために機械で細かいところまで削るので、たいへんな工数がかかった。とにかくどこまで軽くつくることができるか、まず限界まで追求して、性能的に最高のものをつくろうというのが基本的な設計思想でした」

計算と構造担当の曽根の言葉だが、そうは言っても飛行機の機体構造は複雑なので、ひと筋縄ではいかなかった。

「同じ計算でも空力（空気力学）や性能については学校の教科書にあるような数式で大体やれるし、模型をつくって風洞実験をやればデータがそろうから、それをもとに計算が比較的容易にできる。ところが構造の方はややこしいので、教科書に出ているような単純な強度計算の式に当てはまらないのです。そこで苦労して方程式を立てて計算をやり、手探りで一歩一歩核心に近づいていくわけですが、コンピューターなどなかった当時は、すべて手回しの計算機だったからたいへんでした。

それも余裕のある設計なら大まかな構造計算ですむが、十二試艦戦は一グラムでも軽くしようというシビアなものでしたから、余計に手間がかかりました。たとえば、この辺とこの辺の中間あたりにベストのところがあるだろうというような場合、普通は大まかに見当をつけて、最良と思われるところを決めてしまうが、堀越さんのは幾通りもやって、だんだん幅を狭めていくやり方だから、同じようなことを何回も繰り返すので、ひどく手間と時間がかかった」

曽根は堀越の設計の流儀についてそう語っているが、あまりにもしつこいそのやり方について、「何で分かりきったことを、何度もやらなければならないんだ」と不満を訴える部下もあり、それをなだめるのも曽根の仕事であった。

とにかく堀越は限界設計を要求し、余裕を見込んだ設計を嫌ったので設計担当は悩まされた。動力艤装担当の田中正太郎技師もその一人で、一番困ったのは堀越がギリギリの寸法を要求することだった。たとえば、エンジンとその回りを覆うカウリングの内側との隙間を、余裕を見込んで一五ミリにしたところ、堀越から空気抵抗を少なくするため五ミリくらいにしろと言われた。

たしかに図面上はエンジン外周との隙間が五ミリあれば十分のはずだが、試作エンジンは図面と実際に出来上がったものと寸法が違っていたり、ロッカーカバーを締め付けるボルトの頭が出ているはずなのに図面に書いてなかったりして、あちこちあたる箇所が出て悩まされた。しかし、その田中も、「こういう方針でやるというのがきちんと文書化され、今でいう目標管理が徹底していた」し、「物静かな方で、たしなめられたことはあったが、叱られたり、不愉快な思いをしたこともなかった」と、すぐれたプロジェクトリーダーとしての堀越を評している。

兵装艤装担当の畠中福泉技師も、「おとなしい、決してカッとならない人」といっており、この堀越と、よき補佐役であった曽根を中心とした設計チームは、「仕事はきびしかったが、いいたいことが自由に言える雰囲気があり、しかも仲良くまとまっていた」（田中）という。こうした堀越の人柄と、チームのまとまりの良さこそが、当時の困難かつ超過密な仕事をよくこなせた要因であったといえよう。

軽くつくることを設計の最重点目標に掲げた堀越の徹底した指導の結果、昭和十四年三月に完成した試作一号機は機体構造部分の重量合計が最初の予定よりわずか二〇キロ超過という小さな値にとどまったが、これは機体のみの重量を一トンと仮定すれば二パーセントに過ぎず、まず第一の難関突破といってよかった。

最強ゼロ戦の運動性の秘密

ゼロ戦はパイロットがどんなに急激な舵を使っても失速やオートローテーション（不意自転）を起こすことなく、スムーズな旋回ができたといわれるが、この原因は主翼にその秘密があった。

図に見られるようにゼロ戦の主翼は、機体中心部と翼端部では取り付け角が変わっている。風に対しては迎角となるが、主翼全体が前桁を基準に翼端をひねった形になっている。たとえば急旋回や着陸着艦の時などのように大きな迎角をとった場合、翼端の迎角を中心部より小さくすることにより、翼端失速を遅らせて舵を最後まで効くようにするためだ。これを主翼の「ねじり下げ」（ウォッシュアウト）と呼んでいるが、ゼロ戦の旋回が滑らかだったのは軽い機体と、このねじり下げの取り方が絶妙だったためだ。

「堀越さんと一緒に、風洞試験を何回もやりました。木で精密な機体の模型をつくり、表面に毛糸をたくさんつけて風洞内で風を当て、少しずつ迎角を大きくして行くと、滑らかだった毛糸の流れに部分的な乱れが発生する。この辺でストールするのだなと模型を修正する。こういうことを繰り返して直していった結果、主翼の取り付け角は中央部でプラス二度、補助翼内端から外側に向けてマイナス〇・五度までねじるのがベストということになりました」（曽根）

このねじり下げは先の九六艦戦のときすでに採用されていたものだが、もとは海軍がサンプルとして買ったハインケルＨｅ１１２戦闘機だった。Ｈｅ１１２のねじり下げはもっと大きく、機体が重すぎたせいもあって一旋回すると高度低下がひどく、舵の効きも荒っぽくて使い物にならなかったという、テストを担当した海軍航空廠飛行実験部の柴田少佐のアドバイスがヒントになった。

「ねじり下げは前桁中心に対して主翼前縁が下がり、後縁が上がるような捻り方になりますが、それも直線的に変わるのではなく、サインカーブ状に変化させました。

と同時にカンバー（翼型中心線の反り―矢高ともいう）の割合を翼端から中心部にかけてずっと変えてあります。

こうして翼端失速（ティップストール）や胴体付け根付近の失速（ルートストール）が起きにくいようにと、ね

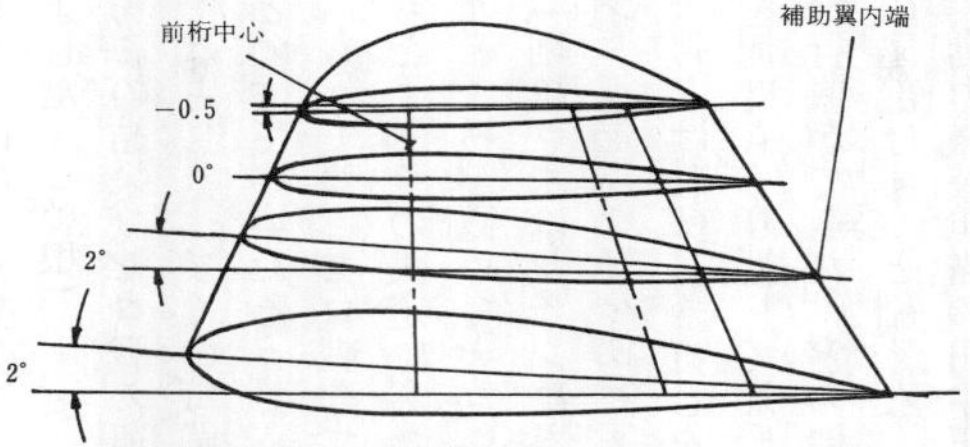

【図２】
主翼のねじり下げ

翼端失速防止のため主翼には捩り下げ（Wash-out）がつけられており、補助翼内端から外側に向け、前桁中心を基準に＋2°から−0.5°までサイン状にひねってある。

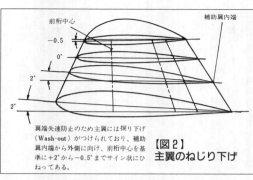

じり下げに加え翼型や迎角など二重、三重に変化させた、空力的に非常にこった主翼になりました」（曽根）

この結果、ゼロ戦の運動性は抜群のものとなったが、これと並んで舵の効きと手ごたえがすばらしく、多くの戦闘機パイロットたちのゼロ戦に対する強いノスタルジーはここにあるといっていいだろう。

もう一つ、ゼロ戦のすばらしい運動性で忘れてならないのが、その美しい外形のラインだ。もとよりその決定にあたっては空力が基礎になっているが、設計者の好みや美的センスに負うところが極めて大きい。

「堀越さんはラインにきびしい方でした。堀越さんが直感でイメージしたラインをフリーハンド（定規などを使わず自由に書く）で書くと、それを我々が図面にして持ってゆく。気に入らなければ書き直しを命じられ、徹夜で仕上げてまたチェックを受ける。そんなやり直しを何度もくり返して外形ラインを決定するから、ゼロ戦、雷電、烈風のような美しい外形の飛行機ができた。どの機体にも共通しているが、機首からなだらかな曲線ではじまり、胴体の尾部はすっと細くなって点で終わる。それが堀越流の胴体ラインだった」

動力艤装担当の田中正太郎技師の回想だが、ゼロ戦のもっとも大きな魅力の一つであり、その空中性能をたぶんに左右した外形ラインが、単に理論や計算の結果だけでなく、チーフエンジニアである堀越の美的センスによって決められたというのは興味深い。

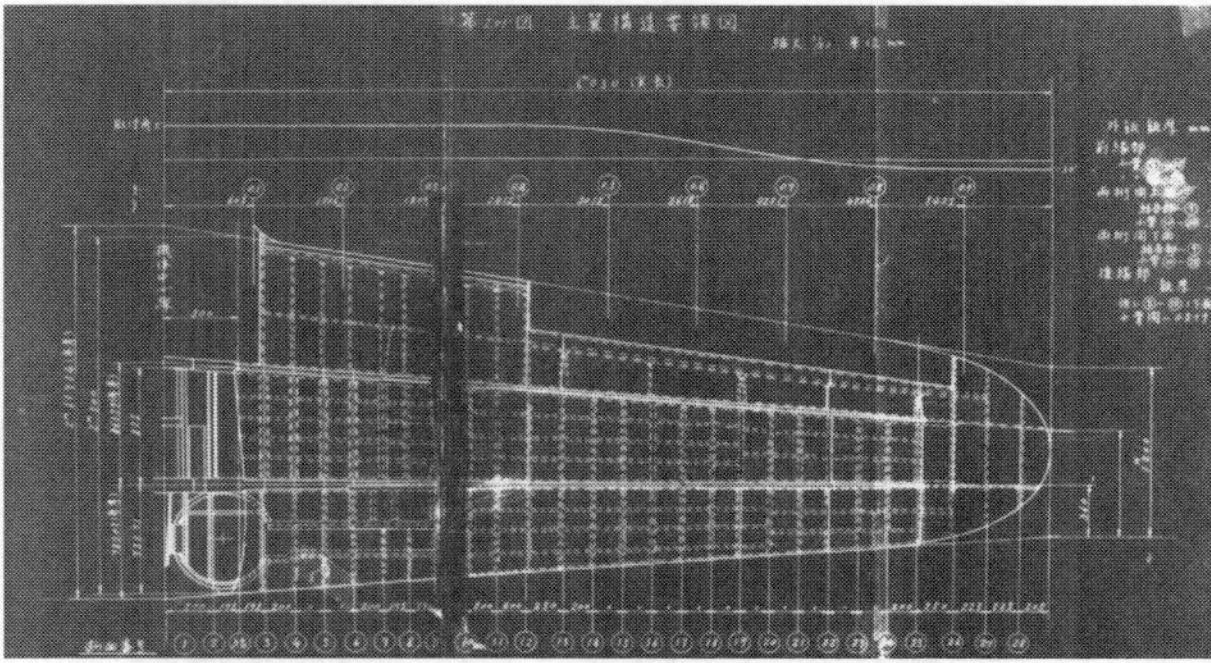

初期の主翼図面。右側にサインカーブ状に変化するねじり下げが図示

機体全般、とくに主翼の空力設計や外形ラインの決定以上に苦労したのが方向舵や昇降舵など舵の効きだった。これは計算などでは出てこないので、一応、模型を使って風洞実験をやってみるけれども、本当のところは実際に飛んでみなければわからない。当時の操縦系統は舵面と操縦桿をじかにケーブル（細い針金の撚り線）や金属の細いパイプなどで結んでいただけだったので、操縦桿の動きに対する舵の動きは低速時でも高速時でも変わらない。すると舵面の動きと手に伝わる感じがまるで違う。

低速でよく効いて着艦を容易な舵にしようとすると高速では効きすぎ、舵をちょっと動かしても飛行機の運動はオーバーになってしまうし、逆に高速でほどよい効きにしようとすると、低速では効きの鈍いスカスカの舵になってしまう。それを解決するには、同じ操縦桿の動きに対して昇降舵の動きが高速時には小さく、低速時には大きくなるようにすれば良い。現代では操縦桿と舵の間にいろいろなものを入れて調整ができるようになっているが、堀越は中間に何物も入れることなく、操縦系統のケーブルの剛性を少し落とすことによって解決することを思いついた。

操縦索（ケーブル）の剛性を少し落とす、すなわち少し細めのやわなケーブルに変えてみたらどうなるか。高速では舵面にあたる風圧が強いのでワイヤーが伸び、操縦桿の動きに対する舵の動きが少なくなり、逆に風圧が弱い低速では舵は大きく動くはず。それによって、操縦桿の手ごたえに応じた効きがえられるに違いない。

「さっそく試作機を改造して飛んでみたら、うちのテストパイロットが非常にいいという。ところが海軍の飛行機強度規定では、操縦索は何パーセント以上伸びてはいけないと決められており、これでは合格しない。

そこで海軍航空技術廠（空技廠、昭和十四年四月、航空廠を改称）の人たちといろいろ議論した。剛性の低下を問題にしたのは、操縦索がやわいものだと舵面のフラッターが起きはしないかという心配だったが、舵面自体はマスバランス（重量的なつりあい）があるし、強度試験をやった結果はいったん伸びたケーブルは荷重が去れば元に戻り、切れる恐れもないことがわかった。そこで強度規定の方を変えてもらい、このやり方を認めてもらいました」

（曽根）

頭の固い官僚かたぎからすれば、規定を変えてもし事故でも起きれば責任問題にもなりかねないから、決して好ましいことではなかった。しかし、当時の海軍空技廠の振動担当は松平精（戦後、鉄道技術研究所長）、疋田遼太郎（戦後、トヨタ中央研究所副所長）といった立

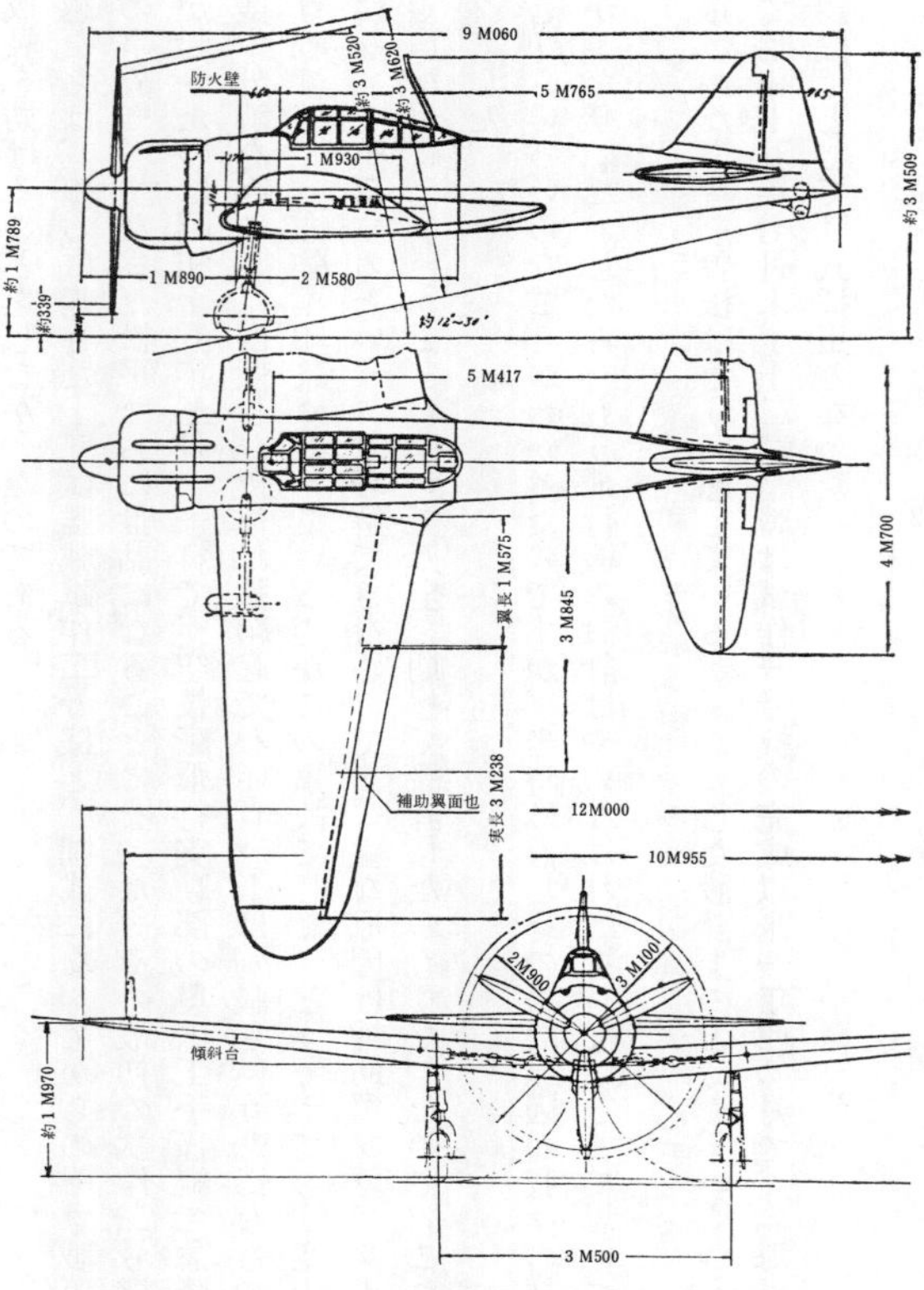

【図 3】零戦21型（A 6 M 2）三面図

零戦取扱い説明書より

派な技術者たちで、彼らは三菱の言い分を率直に認めて強度規定を変え、十二試艦戦の健やかな成長を妨げることをしなかったのである。

堀越たちは、のちに起きた十二試艦戦試作二号機と、制式になってからのゼロ戦第一三五号機の事故で、またまた松平たちに世話になることになった。その最初の試作二号機による事故が起きたのは昭和十五年三月十一日で、空技廠飛行実験部の奥山工手操縦で急降下実験中に空中分解を起こし、四散した機体は墜落してパイロットは殉職という悲惨なものだった。

「ゼロ戦でもっとも強く印象に残っているのがこの事故でした。どう考えても、空中でバラバラになって墜落するというのが理解できないのです。主な原因は補助翼フラッターということでしたが、そういうことも含めて万全を期して設計したつもりだったので、これは大ショックでした。

あとからいろいろなことがわかったのですが、当時はもしその事故原因が我々の技術が至らなかったせいだとしたら、もう飛行機の設計はやめなければならないとまで思いつめました」

つらかった当時を曽根はそう回想しているが、こうした設計上の苦労や、いくつもの山を越えて昭和十五年七月末、十二試艦戦は試作一号機の完成以来一年四ヵ月で、「海軍零式《れいしき》艦上戦闘機」として制式採用となった。

ゼロ戦覚え書その一——零《れい》戦かゼロ戦か

ゼロ戦の正式の呼び名は海軍零式艦上戦闘機、したがって略称は零式《れい》艦戦もしくは零戦《れいせん》と呼ぶのが正しい。したがって、零戦をゼロ戦と和洋折衷で呼ぶのはおかしいことになるけれども、ここに興味ある事実がある。

ゼロ戦は長いあいだ覆面の戦闘機だったけれども、戦争も末期に入った昭和十九年秋、局地戦闘機「雷電」とともにその名が公表された。次に示すのはゼロ戦に関する当時の新聞記事である。

名称がはじめて公にされた『零式艦上戦闘機』は、荒鷲《あらわし》（当時は飛行機搭乗員のことを勇猛な鷲にたとえてそう呼んだ）たちからは『零戦《ゼロセン》』と呼び親しまれている。大東亜戦争開戦前すでにその俊敏な姿を現わしていたが、その真価を発揮したのは開戦以来で、緒戦このかた太平洋、インド洋各戦域に海軍戦闘機隊の主力として無敵の活躍をつづけていることは周知の通りである。

旋回性能、火力、速力の優秀は敵の各種戦闘機と比較して卓越しており、ことに第一線の敵米航空部隊の搭乗員たちは、ゼロ戦と会えばかならず墜とされるというので、『地獄の使者』とあだ名をつけていた。また、敵は零戦を『ゼロファイター』と呼んでいるが、この呼称が非常に神秘的な響きがあり、底知れぬ威力と相まって敵国民に畏怖《いふ》の情を湧き起こしていたのである。

その戦歴は大東亜戦争開戦以来の主役であるというだけで十分であろうが、その優秀な性能のためにいまだに第一線機としてますます卓越性を誇っており、長い生命を維持している。ことにその役割はひとり敵戦闘機との空中戦だけでなく、ときには爆弾を抱いてその快速を利して敵艦隊奇襲を試み戦果を上げており（中略）――とくに必死必中の神風特攻隊のある隊は零式戦闘機を駆って敵艦に体当たりしつつある。

この発表が行なわれたのはどうやら関行男大尉以下の神風特攻隊「敷島隊」突入の直後あたりらしいことがわかるが、当時すでにゼロ戦と呼ぶのが一般的だったことが分かって興味深い。そういえば戦後、設計者の堀越さんが書いて評判になったカッパブックス『零戦《ゼロ》』（光文社）もわざわざ〝零〟のわきにゼロとカタカナのルビがふってあった。

今では零戦と漢字で書いてあっても「れいせん」と読む人はなく、自然に「ゼロ戦」と呼んでしまうのが実情で、この本の書名もそれにならったものである。

第一章——旭日のゼロ戦

十二試艦戦から零戦一一型へ

ゼロ戦の前身である十二試艦上戦闘機は、太平洋戦争がはじまる約一〇〇〇日前の昭和十四年三月十六日に一号機が完成し、最初のテスト飛行は四月一日に行なわれた。この一号機は最初、二枚羽根のプロペラを使っていたが、飛行中たえず細かい振動があるところから、三枚羽根に変えられた。

最初は三菱の「瑞星《ずいせい》」一三型八七五馬力エンジンを装備し、A6M1とよばれたが、第三号機からはエンジンを中島飛行機の「栄《さかえ》」一二型九五〇馬力に変えてA6M2となったので、結局、A6M1は二機しかつくられなかったことになる。しかも、A6M1の第二号機はテスト中に空中分解事故によってパイロットも機体も失われるという悲惨な結果となった。

A6M2はエンジンが変わっただけでなく、機体の方もA6M1とかなり変わった。すなわち、水平尾翼がA6M1では胴体基準線上にあったものが、A6M2では約二〇センチほど上に移った。と同時に胴体を延長して垂直尾翼を約二三一センチ（厳密には二一八ミリ）後退させた。

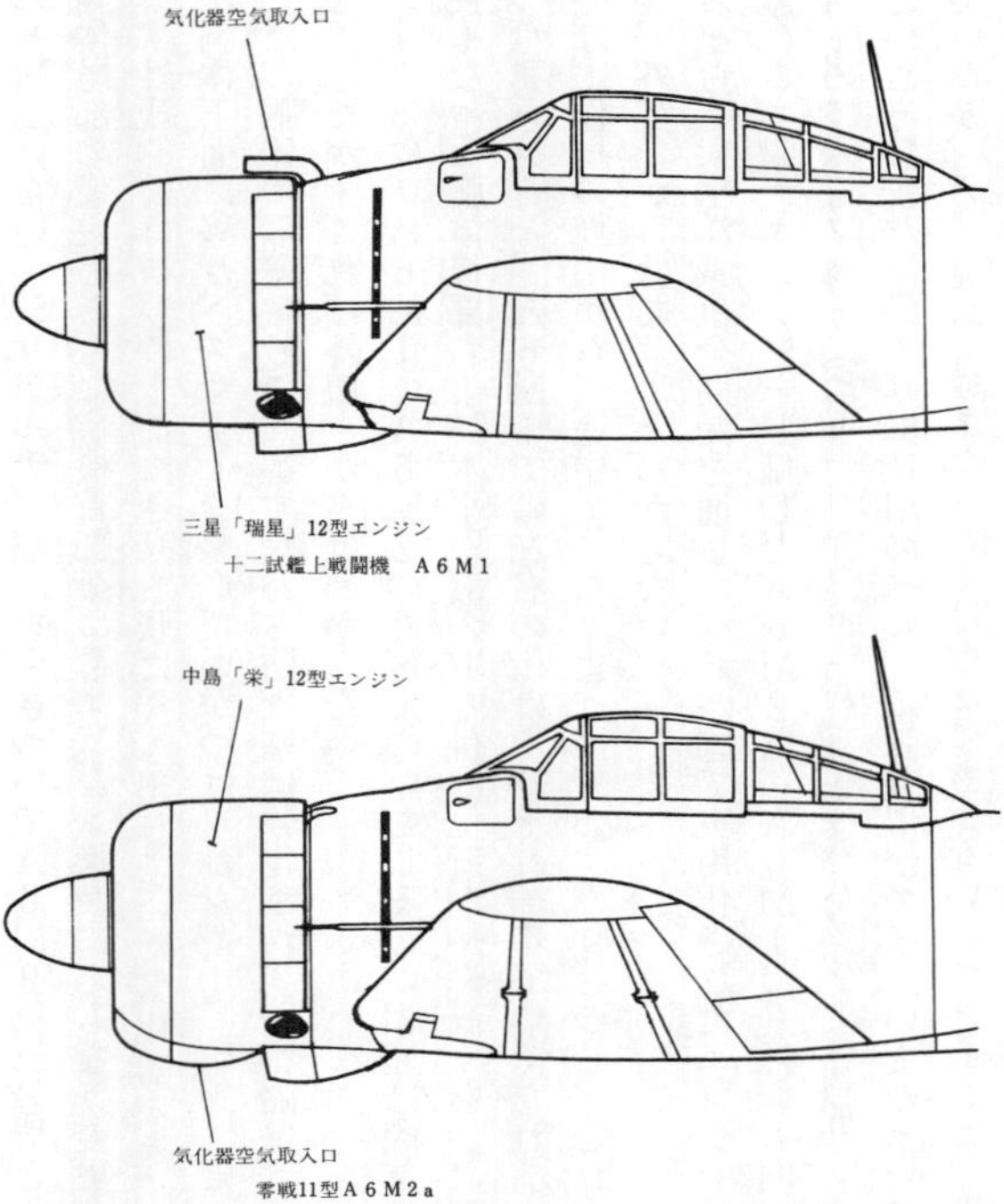

【図４】十二試艦戦（A6M1）と零戦11型（A6M2）の機首付近の変化

ところで、「栄」エンジンつきの第三号機はA6M2としては第一号機のはずだが、なぜかA6M1いらいのシリアルナンバーを引きついでA6M2第三号機とよばれた。

胴体尾部の変更とともに、機首部分にもエンジン換装にともなう変更が加えられた。まず外観的には覆いの上面にきせる状に突き出していた気化器（キャブレター）空気取入口が胴体下面に移り、スマートな整形覆いがつけられた。

また、胴体の隔壁番号で0番すなわち防火壁は強化され、一番隔壁はA6M1より二〇ミリ後退したが、これは外観上からはわからない。

ようするに、A6M1とA6M2の外観上のいちじるしい相違は機首の形状と、二一八ミリ長くなった胴体後部および水平尾翼の取り付け位置がやや高くなったことなどだ。もうひとつ主翼を見ると、A6M1では左右の桁はそれぞれ一本でつくられていたものが、A6M2では工作上の理由から、途中でつなぐように変わった。しかし、これも図示されればわかるが、外観上からはちょっとわからない。

おそらく太平洋戦争全期間を通じて、わが国で実用化されたエンジンの中で最高の傑作と思われる「栄」エンジンを装備したA6M2は、A6M1より性能も向上し、最大速度はA6M1の二六五ノット（約五一三キロ）に対して二八八ノット（約五三三キロ）となった。

このころはまだ二〇ミリ機銃用のベルト給弾装置ができていなかったので円型弾倉が使われていたが、六〇発（一銃あたり）ではいかにも少ないので、あらたに開発した一〇〇発入り弾倉が使われるようになり、四号機から実施された。

こうして着々と改良が加えられ、十二試艦上戦闘機はしだいに実用機へと仕上げられて行ったが、この間にも中国大陸における航空戦はますます激しさを加えていた。

昭和十四年当時のわが海軍航空隊は、すでに機種も九六艦戦ならびに九六陸攻（九六式陸

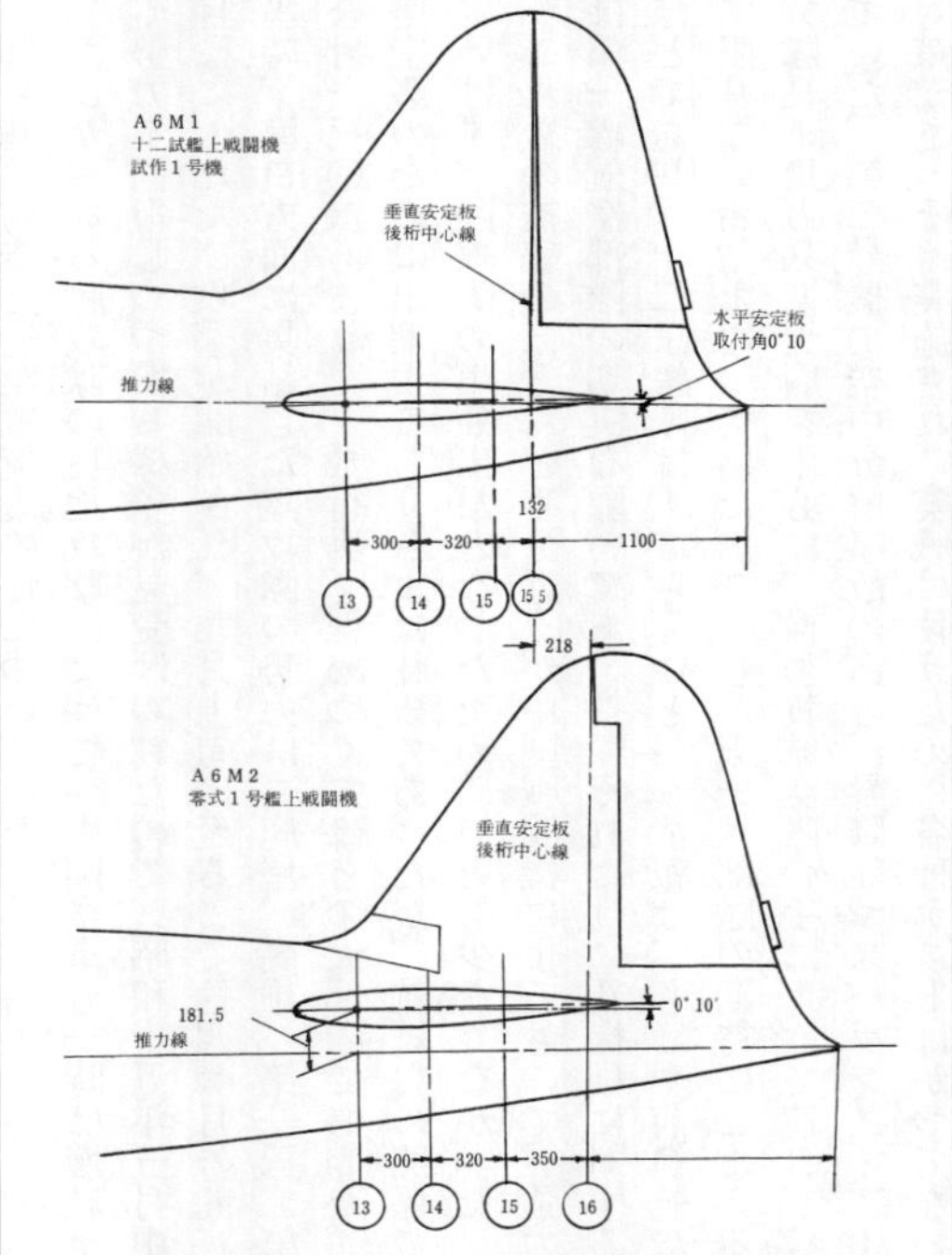

【図5】A6M1とA6M2の尾部の変化

上攻撃機）、九七艦攻、九九艦爆などすっかり近代化され、陸戦協力などの戦術目的には九七艦攻と九九艦爆、重慶その他の奥地にある航空基地や軍事基地などを攻撃する戦略目的には九六陸攻が使われ、航続距離の短い九六艦戦は、も

っぱら基地防空と近距離掩護の任についていた。

たびかさなる陸攻隊の奥地攻撃によって、中国空軍も一時は壊滅かと思われたが、間もなく勢力を回復しつつある様子が見受けられたので、昭和十五年五月中旬から主として重慶を目標にふたたび攻撃が開始され、九月上旬に至るまで約四ヵ月の間、反復して行なわれた。当時、漢口方面に集結した陸攻隊の勢力は、鹿屋、高雄、第一三、第一五など四個航空隊の合計一三〇機あまりで、飛行場を埋めつくすほどの大部隊であった。これらの九六陸攻が重慶空襲のために出撃するありさまは壮観であったが、航続力の関係で九六艦戦が援護についていけず、陸攻隊の単独出撃となったために被害も少なくなかった。

これらの被害のほとんど半分近くが中国戦闘機によるもので、強力な掩護戦闘機を望む声は第一線航空部隊の切実な願いであった。それだけに新機種に対する第一線の関心は異常なほどであり、十二試艦戦はすばらしいという情報は、もはや前線航空部隊の将兵たちにとって限りない希望となっていた。こうした第一線部隊の期待にこたえるべく、内地では戦闘機分隊長下川万兵衛大尉を中心に、横須賀航空隊の手によって連日、猛烈なテストが進められていた。第二号機の空中分解事故のあと、昇降舵マスバランス・アームの補強その他の事故対策がさっそく実施され、実戦に使うための各種テストはかつてない真剣さとスピードで進行した。

だが、この間に十二試艦戦を送れという前線からの要求は前にもまして激しくなり、ついに海軍当局も十二試艦戦を試作機のまま第一線に送るという異例の決定をし、その部隊編成のために当時、長崎の大村航空隊の教官をやっていた横山保大尉をその任にあたらせることとした。横山大尉はかつて同じ堀越技師の設計による九六艦戦をもって、初の戦闘に参加した経験があり、彼にあたえられた任務は、十二試艦戦で一個分隊（常用機九機、補用機三機）を編成し、できるだけ早く中支戦線の漢口基地に進出して敵戦闘機を制圧するというものであった。

横須賀海軍航空隊に着任した横山は、兵学校の一期先輩である下川大尉から真新しい十二試艦戦を見せられ目をみはった。九六艦戦よりひとまわり大型の、美しい形をした戦闘機で、操縦席は流線型のカバーで完全におおわれ、脚はすべて引き込み式だ。パイロットと飛行機との間柄は、最初の出合いが大事で、横山はこの新しい戦闘機に一目ぼれしてしまった。

横山は下川大尉の指導のもとに慣熟飛行に精をだす一方、一個分隊のパイロットと整備員の編成にのりだしたが、下川は自分の手足ともいえる優秀なパイロットや整備員たちを、惜し気もなく横山の部下につけた。おかげで部隊編成のほうは進んだが、横山は実際に十二試艦戦で飛んでみて、まだ未解決の多くの問題があることを知った。

たとえば、一挙に高空まで上昇するときの燃料圧力の低下、空中戦闘中にエンジン全開をつづけるとシリンダー温度が上昇する、G（重力）を強くかけると遠心力で引込脚がとび出す、空戦中に二〇ミリ機銃が故障する、高速で落下タンクが落ちないなど、さまざまなトラブルが起きた。もちろん訓練と並行して、これらの対策は非常な熱意で行なわれたが、まだまだ満足できる状態になかった。彼は従来の経験から、あとあとのためにも、何とかこの新戦闘機をもっと完全なものにして前線に出したいと思った。

一方、第一線航空部隊の状況は、一日も早い新戦闘機の前線進出を必要とした。戦闘機の劣勢のためにわが航空基地は、しばしば敵の爆撃による被害をこうむっていたし、それにもまして掩護戦闘機なしで、中国大陸の奥深く出撃した九六陸攻隊の被害は大きかった。第一線からの切迫した要望と、試作機の不満足な現状との板ばさみにあいながらも、横山は冷静に自分の信念をつらぬこうとした。

十二試艦戦が零式艦戦となって、のちに世界の名機といわれるようになるまでには、多くのすぐれた人たちの努力と的確な判断とを必要としたが、この時期における横山と下川は、ゼロ戦誕生の歴史に欠かすことができない重要な存在であった。

彼は初代ゼロ戦隊長（当時はまだ十二試艦戦だったが）の責任において、未完成でもよいから早く戦闘に投入せよという要求を拒みつづけた。だが待ちきれなくなった上層部は、とうとう試作機のまま十二試艦戦を第一線に進出させるよう決定したのであった。

昭和十五年七月十五日、横山保大尉の指揮する一個中隊六機の十二試艦戦隊は大村基地を離陸、東シナ海を越えて中国大陸の漢口基地に進出した。

待ちこがれた新鋭戦闘機の到着を基地の人びとは、以前、九六艦戦がはじめて前線に進出したとき以上に大きな期待をもってむかえた。だが、この時点でもまだ横山のねばりはつづき、現地でも引きつづきトラブルを解決するための措置を要望した。

これが聞き入れられ、空技廠から技術者が派遣され、たとえばシリンダー温度の上昇に対しては、カウリングに穴をあけて通風をよくする。引込脚の飛び出しに対しては、ロックをより確実なものにするなど具体的な対策をたて、大きな効果をあげることができた。だが、横山にとってはまだ不満足であり、引きつづきテストをくり返して到着後一〇日ほどしたころ、山口多聞、大西瀧治郎両司令官によばれた。できるだけ早く、十二試艦戦をもって敵の本拠を攻撃し、敵戦闘機群を撃滅せよ、とのきついお達しであった。

それほど敵戦闘機の脅威は大きく、陸攻隊の要望は切実であったのだ。

しかし、それでも横山大尉は首をたてに振らなかった。このトラブルを未解決のまま戦闘に参加し、もし初陣につまずいたらどういうことになるか。おそらくこの新戦闘機に対する期待は無残に打ちくだかれ、これまで積み重ねられてきたすべての努力がむだになってしまい、敵にとってはまさに思うツボではないか。中国側でも、諜報によって十二試艦戦の前線進出は知っており、敵も味方も一様にこの新鋭戦闘機の成り行きを見まもっていたのである。

中島製「栄」12型発動機

相変わらずテストをくり返している横山大尉に、猛将のほまれも高い山口、大西両少将はついにしびれを切らして、ふたたび横山を司令部に呼びつけた。今度はただではすみそうもないと思いながらも、横山は自分の信念は絶対にまげないと決心して両司令官の前にでた。状況を説明する横山に業をにやした両司令官は、

「貴様は命が惜しくていつまでもぐずぐずしているのではないか」

と強い調子で詰問した。しかし、彼はひるまなかった。いぜんとしてパイロット、整備員、技術者たちと一体になってトラブル解決に努力し、一方、訓練とテストは以前にもまして激しさを加えた。

この間に、進藤大尉のひきいる後続の六機も漢口に到着、人びとはその雄姿に身ぶるいするような期待を抱いた。こうして七月の末にはほぼ問題も解決、晴れて海軍の制式機として採用が決定された。ときあたかも紀元二六〇〇年にちなんで零式艦上戦闘機（略して零戦《れいせん》）と呼ばれることになったのである。思えば、日本と中国の戦乱が勃発する直前の昭和十二年五月に、海軍航空本部で計画が立案されて以来、じつに三年二ヵ月目のことであった。

A6M2はゼロ戦一一《いちいち》型とよばれ、この型がゼロ戦の各改良型の基準となった。すなわちはじめの一《いち》は機体を、次の一《いち》はエンジンを示し、それぞれ大改良や大きな変更が加えられると、この数字は変更されることになっていた。

颯爽、一一型の初陣

今こそ待ちに待ったその日、全軍の期待をになったゼロ戦の初出撃のときがやってきた。

成都攻撃に向かう12空の零戦11型

満を持し、忍耐を重ね、血のにじむような努力の末にかちとった「海軍零式艦上戦闘機」の晴れの初陣の日、八月十九日の漢口基地は早朝から興奮につつまれていた。当時の中国空軍は、戦闘機の掩護なしに進攻するわが中攻（九六陸攻のことを当時はこう呼んでいた。つまり中型攻撃機の略）に対し、重慶上空につねに三〇機以上の戦闘機をもって迎撃していた。

基地を圧する轟々たる爆音の中に、ややトーンのちがった「栄」エンジンの音が、新鋭零式艦戦の出陣の雄叫《おたけび》のように聞こえた。九六陸攻五四機、そして横山大尉の指揮するゼロ戦一二機がつぎつぎに離陸した。重い爆弾を満載して大地を引きずるように離陸していく陸攻にくらべ、軽やかに急上昇するゼロ戦の姿に、地上勤務員たちは限りない力強さをおぼえた。

けれども、このゼロ戦の初の出撃も、いち早く新戦闘機の出現を察知した敵によって肩すかしを食わされ、ついに敵戦闘機は姿をあらわさなかった。

翌二十日には進藤大尉の指揮で、同じく一二機が重慶上空に進攻したが、昨日に引きつづき敵戦闘機は姿をくらまして出てこない。意気込んでいたゼロ戦隊員たちにとっては拍子抜けするような出陣とはなったが、この二回の行動によってゼロ戦隊は単座戦闘機による往復一〇〇〇カイリ（一八五〇キロ）の長距離作戦行動という世界にも例のないレコードを打ち立てたばかりでなく、搭乗員たちに単座戦闘機でもこれだけ飛べるという自信とゼロ戦に対する限りない信頼をいだかせた。

たびたび肩すかしを食っていたゼロ戦隊にとって、やがてチャンスがめぐってきた。九月十三日、進藤大尉および白根中尉の指揮する一三機が、例のごとく陸攻を掩護して出動した。

今度は今までの敵の作戦の裏をかこうと、あらかじめ慎重な打ち合わせがしてあり、中攻隊が爆撃を終えて帰路につくまではまったく従来と同じ行動をとった。そして随伴した九八式陸上偵察機が、重慶から遠からぬところに残ってひそかに様子をうかがっていたのである。はたせるかな、わが攻撃隊の撤退を見届けた敵戦闘機群は、重慶上空に舞いもどってきた。

偵察機からの無電による知らせをうけたゼロ戦隊はただちに引きかえし、ゼロ戦隊にとってはじめての大空中戦が展開された。敵はソ連製のイ15および16合わせて三〇機以上。思いもよらぬ新鋭戦闘機隊の出現にあわてたが、相手はわずか一三機。闘志をもやして反撃に転じたものの、最新鋭のゼロ戦にかなうはずがなかった。つぎつぎに火を吹いてついに二七機が確実に撃墜され、ほとんど全滅してしまった。

こうしてゼロ戦の持つおそるべき威力は実証され、これまでの相次ぐ陸攻隊の犠牲に涙をのんだ基地の人びとはもとより、この輝かしい戦果を知らされた日本国民の多くを勇気づけた。

とはいっても、当時はまだ一般国民にはゼロ戦の存在は知らされておらず、もちろんその姿を見たのはごく一部の人たちに限られていた。

おそるべき日本の新鋭戦闘機の出現に大打撃をうけた敵空軍は、重慶よりさらに奥にある四川省の成都に後退して再建をはかった。

だが、長大なゼロ戦の航続力の前には、ここも安全地帯ではあり得なかった。偵察によって成都基地に三〇機あまりの戦闘機が集結しているのを知った第一二航空隊では、さっそく攻撃を実施することになった。

決行日は十月四日、揚子江の上流の宜昌を中継基地として燃料補給した横山大尉指揮のゼロ戦一一型八機は、九六式陸上攻撃機二七機を護衛して、密雲たれこめる中を成都へ向かった。

うすいグレーに塗られた機体の赤い日の丸が、こんなときは晴れた日よりもあざやかに見え、機体にはミルク色の雲海が反射してゼロ戦をひときわ浮き出して見せた。

この日、ゼロ戦隊は出発に先立って、ひそかにある作戦をたてていた。というのは、ゼロ戦をおそれて敵戦闘機が挑戦して来なかった場合の攻撃法についてであった。飛行隊長横山のたてた作戦は、ゼロ戦の長いアシを生かして敵飛行場上空から姿を消したり現われたりをくり返し、敵が油断したところを空中で捕捉する、それでも空中にあがって来ない場合は低空に舞いおりて在地機に銃撃を加え、さらにじゅうぶんなダメージがあたえられない場合はゼロ戦一個編隊を敵飛行場に強行着陸させ、地上で敵機を焼き払うという大胆きわまるものだった。

幸運にも成都付近の上空に達したころ雲が切れ、飛行場が視界に入ってきた。二七機の陸攻隊は敵戦闘機の攻撃にそなえてがっちりと密集隊形を組み、爆撃針路に入った。

ゼロ戦隊は陸攻隊の後上方に占位して、敵戦闘機の出現を油断なく見張った。すると、いた！　わが攻撃隊の前方にずんぐりした黒点が数個。まぎれもなく敵のイ16戦闘機だ。スロットルを全開したゼロ戦隊は、たちまち速度を増して敵戦闘機に迫った。十数条の白煙の尾をひきながらゼロ戦隊がイ16編隊と交叉したと見る間に、数条の黒煙が地上に向かってゆっくりと伸びて行った。

この間に爆撃を終えた陸攻隊が帰路につくと、いよいよゼロ戦隊の地上攻撃が開始された。上空に敵戦闘機がいないのを確認したゼロ戦隊は低空に舞い降り、横山隊長を先頭に単縦陣となって銃撃を加え、一機また一機と炎上させた。地上には実機にまじって多数の囮《おとり》機が並べられていたが、敏感にそれを見わけたパイロットたちは無駄な攻撃をさけて、実機だけを攻撃した。

ひとしきり地上の銃撃が終わったところで、かねての打ち合わせどおり東山《ひがしやま》市郎航空兵曹長（空曹長）の指揮する第二編隊四機が、一面なだらかな芝生で覆われた太平寺飛行場に着

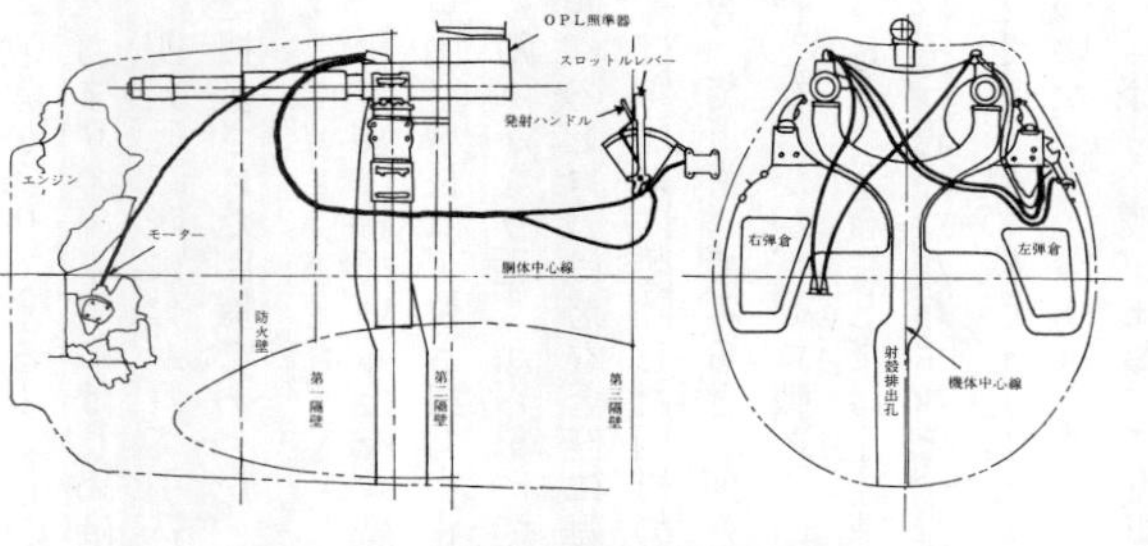

【図６】胴体内7.7㎜機銃装備図

陸態勢に入った。

先頭が大石英男二等航空兵曹（二空曹）、つづいて中瀬正幸一空曹、羽切松雄一空曹、東山空曹長の順に、急角度のアプローチから尾部をストンとおとす母艦パイロット独特の三点姿勢で大胆な敵飛行場着陸を敢行した。

上空では、着陸を支援する横山大尉の第一編隊が敵地上火器にはげしい銃撃を加えた。

大石二空曹は接地して飛行機の行《ゆき》あしがとまるまでの間に、冷静に飛行場の様子を観察した。この飛行場には格納庫はなく、飛行場からいくつもの引込線があって草や竹などでカムフラージュされた飛行機が置いてあり、そのいくつかは金属製プロペラまでつけた精巧なニセ飛行機であることがわかった。

「飛行場のど真ん中に日の丸の旗でも立ててやりたい……」

大石はわれながら冷静な自分におどろくとともに、ふとそんな気分に襲われた。

飛行機が停止すると、マッチとボロ布と拳銃を手にした四人のパイロットたちは素早く地上に降り立った。

「敵機が降りて来る！　しかも四機も！」

あまりの出来事にはじめは唖然《あぜん》としていた敵が、やがて狂ったように撃ちだした。四人は二隊に分かれて引込線の飛行機に駆けよったが、残念なことにそのいずれもが巧みに擬装された囮《おとり》機であった。しかも飛行機に近寄ったかれらに対し、射撃は一段とはげしくなった。

まごまごしているとゼロ戦もろともこちらがやられてしまいかねないと判断した指揮官の東山空曹長は、焼き打ち中止を決心、離陸を命じた。

敵はかなり近くから撃ってきたのだが、よほど狼狽していたのかついに一発もあたらず、四機のゼロ戦は悠々と空に舞い上がった。

ばらばらに離陸した四機のうち、羽切一空曹は上空に三機編隊を発見、てっきり友軍機と思って近寄ってみると、何とこれが敵機。ままよとばかり突っ込んでたちまち一対三の空中戦となったが、ゼロ戦とくいの格闘戦にもちこんで、ついに三機とも撃墜してしまった。

「帰りの駄賃にしては上出来！」

そう思いながらホッと一息ついてあたりを見まわした羽切は愕然とした。敵はもちろんのこと友軍機の機影も見当たらず、たった一機、自分が広い大空に取り残されていることに気づいた。

しばらく飛びまわって友軍機をさがしたが見当たらず、燃料も心配になったので単機帰ることにした。だが、悪天候の中、しかも前進基地宜昌まで六〇〇キロ以上ある長距離をたった一機で飛ばなければならない不安に、敵機との空戦では絶対にヒケをとらない豪胆な羽切も気もそぞろとなった。

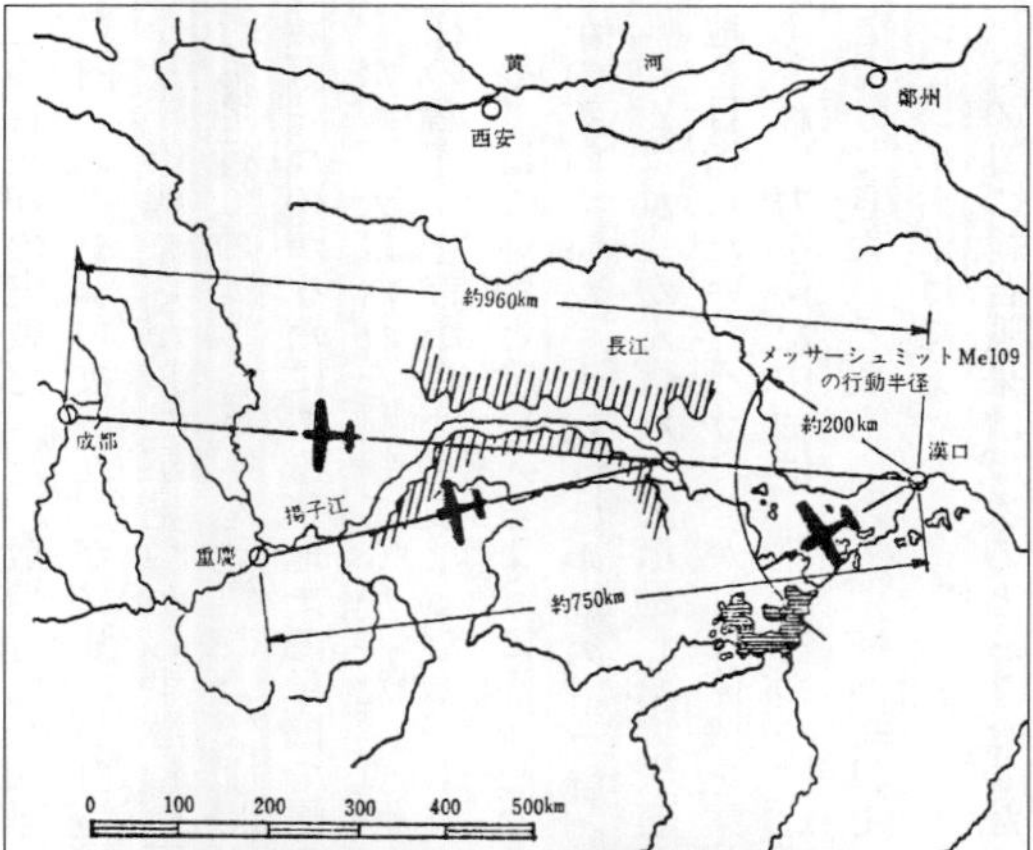

【図7】中国大陸でのゼロ戦作戦行動図

「揚子江さえ見つかれば……」

宜昌は揚子江沿いにある。だから揚子江に沿って下流に向かって飛べば何とか帰れるはずだ。もし見つからなかったらという不安と闘いながら、けわしい四川の山との激突をさけて雲上飛行をつづけた羽切は、奇跡的に雲の切れ目から揚子江を発見した。

「助かった。お母さん、ありがとう」

さすが豪気の羽切も思わず母の名を呼んだほど、そのうれしさは格別だった。

雲の下に出た羽切は、李白の「君を思えども見えず……」の詩で有名な三峡の、両岸に迫る絶壁の間を縫うようにしてぶじ基地に帰った。

東山編隊の一人、中瀬一空曹にとっては

この日が初の実戦だった。敵飛行場から離陸して高度をとりつつあったとき、地上砲火で右翼内タンクを撃ち抜かれ、ガソリンが白い霧のように吹き出した。かれもまた上空で単機となり、僚機をさがしたが見つからず激しい不安に襲われた。しかも飛行機の速度もしだいにおちて行くので〝自爆〟を覚悟した。よしんば何とか飛べるとしても、こんな不調の機体で数百キロのかなたにある基地まで単機で帰る心理的な圧迫に耐えられないからだ。

だが、天はかれを見捨てなかった。覚悟した中瀬が父から送られた郷里（福島県）の氏神様のお守りを首からはずしたとたん、ふいにかれの機のわきにゼロ戦が一機あらわれた。

夢ではないかと喰い入るように注視したそのゼロ戦のコクピットから、大石二空曹の笑顔がのぞいていた。大石機は中瀬のゼロ戦のわきにすれすれに近づき、しきりに翼を振って「がんばれ、がんばれ」と激励した。大石だって帰りの燃料は心細いはずで、一刻も早く基地を目指したいだろうに、かれは僚機を案じてずっと見まもっていたのだった。

これに力を得た中瀬は、難行をつづけながらも、夕闇せまるころやっと基地にたどりつくことができた。それもこれも、すべてはゼロ戦の長大な航続性能と信頼性のたかい「栄」エンジンのおかげであった。

この日の総合戦果は、次のとおりだった。

撃墜＝イ16五機、SB中型爆撃機一機。銃撃炎上一九機。その他損害をあたえたもの四機。

翌十月五日にも飯田房太大尉の指揮する七機が成都を襲い、鳳凰《ほうおう》山飛行場にいた敵機群を銃撃して大きな損害をあたえたため、一時この方面には敵機の姿がまったく見られなくなっ

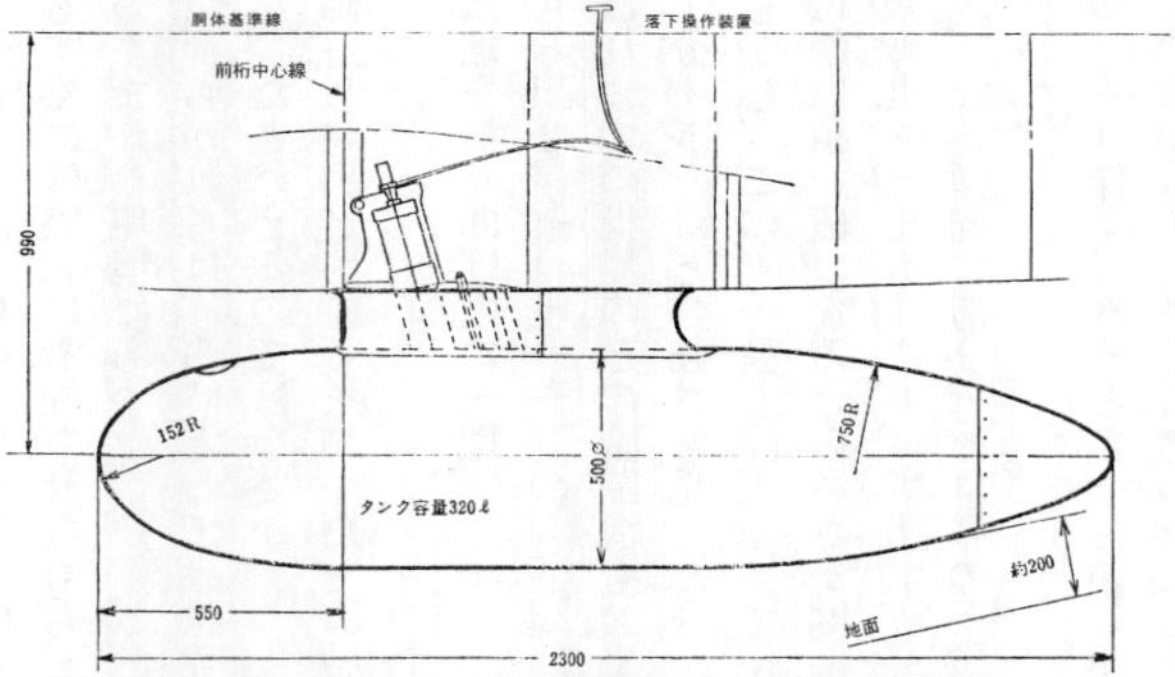

増槽の中央部は円筒状で、前後は流線型。上面に胴体取付用の金具および燃料パイプをおさめた流線型のカバーがついていた。内部にはしぶき止めの仕切りが入っており、取付具やパイプ以外は合板製の使い捨てだった。

【図８】ゼロ戦の偉力を決定的にした落下式燃料タンク（増槽）

てしまった。

漢口から重慶、成都などへの攻撃は往復一〇〇〇カイリ（約一八五〇キロ）で、進出先ではげしく燃料を喰う戦闘機の進出距離としては驚異的な数字で、同時期にフランス沿岸基地からイギリス本土攻撃に向かったドイツ空軍のメッサーシュミットＭｅ１０９がわずか二〇〇キロそこそこしか進出できなかったのにくらべると、天と地ほどの開きがあった。しかもゼロ戦は条件的に不利な艦上戦闘機だったのである。

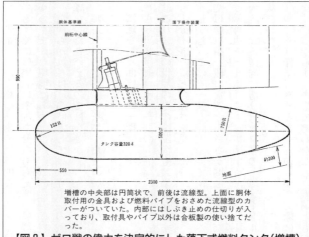

もうひとつ特記すべきことは、当時の海軍戦闘機パイロットたちの卓越した技倆だった。

かれらは多数の志望者の中からえらばれた精鋭であったばかりでなく、余裕のある時代だったので、士官も下士官も先輩たちから操縦技術や精神的なものを十分に叩き込まれて第一線にやって来た。それでもすぐには実戦に参加させてもらえず、戦場になれてからやっと連れて行ってもらうというめぐまれた環境にあった。

だからかれらは、当時としては世界最強の戦闘機パイロットであり、同時に最強の戦闘機隊だったといえるのではないか。

輝かしいデビュー戦を飾ったゼロ戦一一型（A6M2）は、三菱で六四機生産された。

翼端を折り曲げた二一型

A6M2、ゼロ戦一一型の大活躍は海軍にとって予想以上のものであった。その航続性能はこれまでの世界のどの戦闘機もおよばないすばらしいものであったし、もちろん空戦性能も十分すぎるほどの強さを見せた。

しかし、この一一型も陸上基地で使っているうちはさして不便を感じなかったが、いざ航空母艦に積む段になるといささか問題があった。というのもこれまでの艦上戦闘機は九〇式が翼幅九・三七メートル、九五式が一〇メートル、九六式が一一メートルとだんだん翼幅が大きくなる傾向にあり、ゼロ戦の一二メートルは母艦のエレベーターに積めるギリギリの寸法だった。

ゆっくり作業できるときならいいが、実際につぎつぎに着艦して来る場合には作業を急がなければならず、ましてあわただしい戦闘ともなれば昇降の際に翼端を破損するおそれが多分にあった。そこで両翼端を五〇センチずつ上方に折り曲げることができるようにした。これによって収容時の翼幅は九六艦戦なみの一一メートルとなり、多少エレベーター上に飛行機の中心がずれて載っても翼端をぶつける心配は減った。

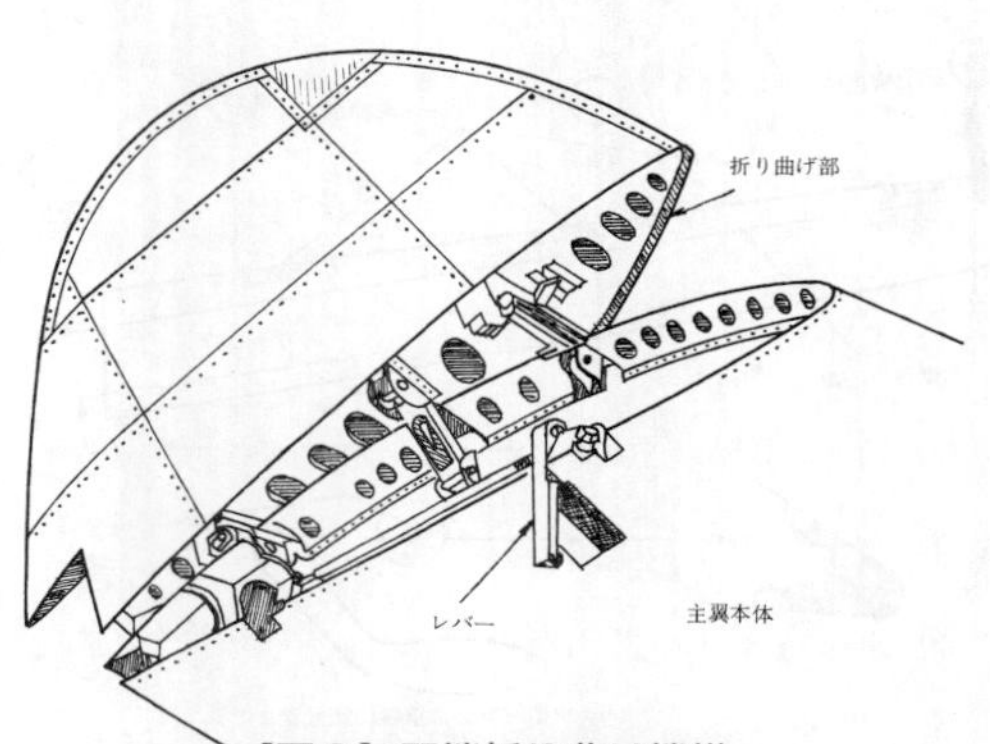

【図9】 翼端折り曲げ機構

主翼構造に変更があったところから六七号機以降のA6M2は二一型とよばれ、従来の一一型がA6M2a、そして二一型はA6M2bとよばれることになったが、翼の折り曲げ以外は一一型とまったく変わらず、機体重量で数キロ、全備重量で二〇キロほどふえただけで性能もかわらなかった。

二一型は一一型にひきつづいて量産に入ったが、昭和十六年になると中島飛行機でもゼロ戦の生産を開始し、月を追ってゼロ戦の生産数はふえていった。

二一型でもっともショッキングな事件は、十二試艦戦二号機につづく一三五号機の主翼ねじれフラッターによる空中分解事故だろう。この事故で海軍のテスト・パイロットである下川万

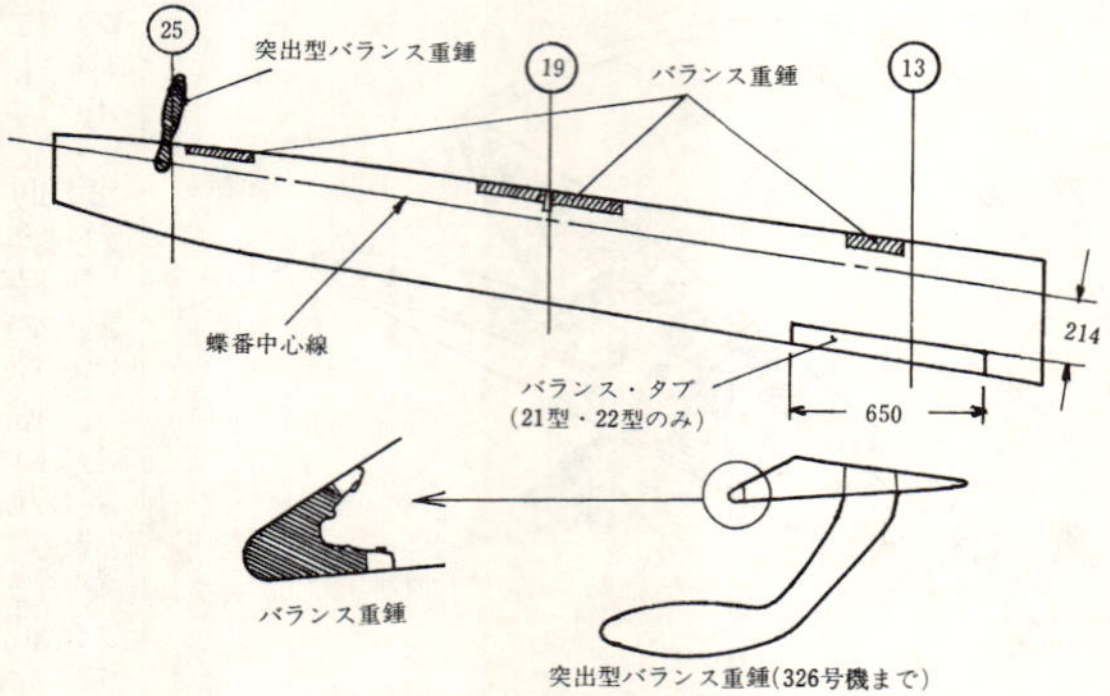

【図10】補助翼操舵力を軽くするための各種方法

兵衛大尉が殉職した。

事故原因を検討した結果、補助翼前縁の平衡重錘（マス・バランス）をふやすと共に、主翼の外板を一部厚くするなどの補強策がとられ、急降下速度を三六〇ノットに制限する応急的な指示が出された。

補助翼マス・バランスというのは、タブ・バランスが空力的な平衡を保たせて操舵の際の手ごたえを軽くしてやろうというのに対して、補助翼蝶番中心から前と後ろの部分の重量的な釣合いを保たせるため前縁部に入れるバランス用錘りのことで、三二六号機までは補助翼下面に突き出した錘りを併用していたが、三二七号機からはこれが廃止されて内蔵マス・バランスだけになった。

これらの対策により、以後一三五号機で起きたような補助翼フラッターはなくなったが、読者の皆さんはここでひとつの疑問を抱かれるにちがいない。なぜゼロ戦に限って速度を制限しなければならなかったのか？　同時代のアメリカやドイツの戦闘機の突っ込み速度はきわめて高く、それでもかれらの戦闘機は十分に耐えていたではないか……と。

これは第一に翼面荷重が大きく、したがって機体の大きさの割りに主翼が小さいこと、第二にゼロ戦にくらべて強度的におおざっぱな、よくいえば余裕のある設計がされていたからだ。

主翼ねじれフラッター対策は主翼のねじり剛性を高めること、すなわち外板を厚くするという単純なことですむが、そうすると翼面積の比較的大きいゼロ戦では重量増加が目立って大きくなる。制限速度を引き上げるにも外板を厚くするなど主翼の強度を増す方法をとればいいのだが、重量増加はほかの性能に影響をおよぼすので最小限に押さえたい。このへんが、ゼロ戦のようなバランスが生命の万能戦闘機設計のむずかしいところだ。

ゼロ戦ほど強度と重量に関して厳格な設計がなされた例は、それ以前の外国にはなかったのではないか。

太平洋戦争緒戦の快進撃

昭和十五年七月、ゼロ戦が中国大陸にはじめて進出して以来、その広範囲な活躍は約一年にわたり絶えまなくつづけられ、敵空軍の活動する余地を完全に封じてしまった。一方、この間にもわが国をめぐる国際情勢は好転するどころか、刻一刻と大戦争への危機は増大しつつあった。

国際情勢の緊迫化に対応し、海軍では中国大陸における航空隊の作戦を八月末で一区切りとし、戦時編成訓練に移行した。アメリカをはじめ、イギリス、オランダ、そして中華民国の四国は共同態勢を固め、日本側からみればいわゆるＡＢＣＤ（America, Great Britain, China, Dutchの四ヵ国の頭文字をとったもの）包囲陣として、非常な脅威に感じられた。しかも、日本の侵略政策に対する報復手段として、石油をはじめとする軍需資源の対日禁輸の強硬手段に訴えようとする形勢にあった。

日本にとって最大の脅威は燃料の供給途絶であった。そのほとんど大部分をアメリカおよびオランダ領インドシナからの輸入でまかなっていたから、ＡＢＣＤ包囲陣の形成によって石油の輸入をストップされることは、わが国にとって動脈を断たれるにひとしかった。当時、世界第三位の威容を誇った連合艦隊も重油がなくては動けないし、猛訓練に明け暮れしていた航空部隊の精鋭もガソリン欠乏では十分な活動も封じられてしまうからだ。

それだけではない。もしゴムをはじめ錫《すず》、ボーキサイトなどの重要戦略物資の輸入まで止められたら、わが国の戦力はどうなるのか。

これを打開するため、最悪の場合、武力によってでも南方の戦略物資を確保しなければならないのではないか、といった強硬意見は、もはや動かしがたいものとなっていた。その中でも、蘭印（オランダ領インドシナ、現在のインドネシア）の油田地帯を制することが日本の南方進出の最大の狙いであった。

このような周囲の緊迫した背景に、日米間の空気もしだいに険悪となっていったが、ときの総理大臣近衛文麿《ふみまろ》はアメリカとの戦争を好まず、外交交渉による事態の解決をはかる上に大きな障害であった松岡洋右《ようすけ》外相を追い出そうとした。いわゆる第三次近衛内閣の任務は、総辞職によって松岡外相を失脚させ、新しく起用した海軍出身の豊田外相によって行きづまった日米交渉を促進しようというものであった。

だが、このような重大な時期の最高責任者として近衛首相はあまりにも無力で、陸海軍統帥部の強い反対にあって彼の意図はもろくも腰くだけとなり、しかも彼の真意はアメリカ側にも素直に伝わっていないようだったのは、日本にとって大きな不幸だった。

七月二十五日、アメリカは日本の南部仏印（現在のベトナム）進駐通告に対する報復としてアメリカにある日本資産の凍結を公布し、ついで八月一日には日本に対する石油輸出をまったく禁止してしまった。軍部からは突き上げられ、アメリカからは強硬手段に訴えられた近衛首相はまったく手段を失ったが、最後の望みとしてルーズベルト大統領と直接会見することで、一挙に日米関係を好転させ、交渉をうまくおさめようとした。しかし、アメリカ側の対日不信のため実現せず、かえって軍部の強硬派に開戦の絶好の口実をあたえる結果となってしまった。

このまま時が経過すれば、日本の資源の貯蔵量は減る一方となり、戦わないでも負けてしまうといった焦燥感がいっそう開戦論に拍車をかけた。

だが、この時期にあってもまだ開戦に強く反対するひと握りの勇気ある人たちがいた。海軍部内にあって多くの人びとから信望の厚かった米内光政大将と山本五十六連合艦隊司令長官は、その代表格であった。

山本中将は、日独伊三国同盟締結直後に近衛首相に呼ばれて、日米開戦の場合の見とおしについて聞かれたとき、

「ぜひやれといわれれば、はじめの半年や一年はずいぶんあばれてごらんに入れる。しかしながら、二年、三年となればまったく確信がもてぬ。三国同盟ができたのは致し方ないが、こうなったからには日米戦争を回避するようご努力ねがいたい」

と答えている。また、彼は日本とアメリカの工業力の差、石油資源その他の戦略物資の保有など、補給力のけたちがいの相違をよく知り、これらの点からも絶対にアメリカと戦ってはならないと考えていた。

米内大将もまた、開戦決定も間近い御前会議の席上で、「ジリ貧となってもドカ貧とならぬよう……」との名言を吐いている。ジリ貧というのは戦略物資の欠乏によってジリジリと国防力が弱くなり、ひいては国家の活動力も低下することをいったもので、当時の主戦論者たちの焦燥感のひとつの表現でもあった。米内大将がドカ貧にならぬようにといったのは、たとえ国力の低下をまねこうとも、強大なアメリカと戦ってすべてを失ってしまうよりはマシだから、大幅に譲歩してでも外交的に活路を見いだすべきであると強調したのにほかならない。

にもかかわらず、対米戦争についての準備や分析は着々と進められていった。当時、世界

第三位の保有トン数を誇っていた連合艦隊と、中国大陸で圧倒的な威力を示した零式戦闘機に対する海軍の信頼は絶大なものがあった。ゼロ戦の一機は仮想敵国の二ないし五機の戦闘機に匹敵するという見方が、それをよく証明していた。

真珠湾出撃前、空母「赤城」艦上の零戦21型

十二試艦戦のA6M1から最後の六四型A6M8Cに至るまでおよそ一万四〇〇機にのぼるゼロ戦が生産されているが、このうち昭和十六年十二月末までに生産されたのはざっと五五〇機であった。したがって日米開戦論が高まってゼロ戦がもっとも強力な兵器として戦力にカウントされた当時の実数は、事故で失われたもの、構造上の欠陥で許容空戦時間の余裕の少ないもの、修理中のもの、合わせて五〇機と見、かつ各鎮守府の内戦部隊所属のもの一〇〇機余を除くと、外戦用の機動部隊（航空母艦）と陸上基地部隊を合わせてほぼ三百数十機であったと想像される。しかも、これに乗るパイロットたちは実戦で鍛え抜かれた者が多く、優秀な機体と相まって世界のどの空軍よりも強力な航空兵力だったといえよう。

事態収拾に失敗した近衛首相は、十月十六日ついに内閣総辞職を決行、そして明くる十七日の重臣会議で東條英機陸相を首相とすることが決まった。このことから、もはや対米戦争は避けられないのではないかといった漠然とした不安は、一般国民の中にも強まっていった。

十一月下旬、野村、来栖両大使による和平交渉の努力もむなしく、日米間の空気はにわかに破局に向かって突き進んだ。そして、あるいはまだ和平への望みもという一般国民の願いもむなしく、開戦予定X日を目ざす真珠湾奇襲部隊は、十一月二十六日、すでにハワイに向けて択捉島《エトロフ》ヒトカップ湾を出港していた。

この部隊は南雲忠一中将のひきいる「赤城」「加賀」など六隻の空母からなる、第一航空艦隊を基幹とする機動部隊で、これら空母部隊を二隻の戦艦、二隻の巡洋艦および九隻の駆逐艦などが護衛するという従来の艦隊作戦の常識を破るものであった。しかも、これら機動部隊の艦載機全兵力三七六機の中には、新鋭のゼロ戦二一型一〇八機も含まれていた。

当時、日本海軍では航空母艦の搭載機の中で占める艦戦の割合を、アメリカ海軍よりかなり低く見積もっていた。その理由は、ゼロ戦の力を大きく評価して計算に入れていたからである。

ハワイ時間の十二月七日早朝、日曜日のオアフ島は静かに眠っていた。

だがこのとき、ハワイ北方約二〇〇カイリ（約三七〇キロ）にひそかに迫っていた日本機動部隊の艦載機は、つぎつぎに空母の甲板を蹴って発進しつつあった。

空中集合を終えた第一次攻撃隊は一八三機。魚雷をしっかり腹に抱いた九七艦攻、同じく水平爆撃隊の九七艦攻、二五〇キロ爆弾をかかえた急降下爆撃隊の九九艦爆、そして、これらの攻撃隊をエスコートする頼もしいゼロ戦隊。おりからの朝日にジュラルミンの肌がキラキラと輝き機体にくっきりと描かれた日の丸と尾翼の赤がひときわ美しく映えていた。

午前七時四十九分、オアフ島の山稜《さんりょう》をかすめるようにして真珠湾上空にさしかかった日本機の大編隊は、総指揮官淵田美津雄中佐の「全軍突撃せよ」の命令とともに、軍港内の艦船や飛行場に対し攻撃を開始した。

このとき、日本は十二月八日の午前三時すぎ、人びとは夜明け前の深い眠りにあった。吐く息も白く、牛乳配達や新聞配達がいつものように早朝の仕事を終えたころ、早く出勤する人たちがボツボツ朝のしたくにかかろうとしていた。多くの人たちはまだ寝床のぬくもりに未練絶ちがたく、ほんのひとときの心地よいまどろみをむさぼっていた。これが平和との別れの朝となるとはつゆ知らず……。

午前六時、突然、ラジオの臨時ニュースが伝えられた。

「帝国陸海軍は本八日未明、西太平洋において米英軍と戦闘状態に入れり、くり返して申し上げます。帝国陸海軍は本八日未明、西太平洋において……」

短い内容ではあったが、この大本営発表は日米交渉の行きづまりで何となく重苦しい気分に陥っていた国民に、大きな衝撃をあたえた。

日本海軍機動部隊艦載機によるハワイ空襲は、よく知られているようにアメリカ太平洋艦隊の主力および基地施設などに大打撃をあたえたが、こちらの飛行機の損害は二九機で、うちゼロ戦は九機だった。

攻撃は二波にわたって行なわれたが、ゼロ戦の示した航続性能はすばらしいものがあった。すなわち、第一次攻撃隊の第三制空隊指揮官として出動した航空母艦「蒼龍」の戦闘機分隊長菅波政治大尉は、発進後、第一次攻撃隊の掩護と飛行場の銃撃を行なったのち単機上空にとどまって第二次攻撃隊の来るのを待ち、一時間一五分後にやって来た第二次攻撃隊といっしょに帰った。この間、海上と敵地上空を七時間近くも飛びつづけたのだから、パイロットも立派だが、ゼロ戦の性能はすごいの一言につきよう。

ゼロ戦九機の損害の中には、同じ「蒼龍」戦闘機分隊長の飯田房太大尉がいた。飯田大尉は第二次攻撃隊の制空隊としてゼロ戦九機の指揮官だったが、地上砲火で燃料タンクをやられてガソリンを吹き出すと、攻撃終了後、上空に集合した部下に自爆を告げ、背面降下で敵飛行場に突入した。苛烈な太平洋戦争での、最初の士官パイロットとしての戦死者であり、その武人らしいみごとな最後にアメリカ側でも丁重に葬《ほうむ》ったという。

この日の早朝、バシー海峡をへだててはるかにフィリピン群島と対峙する台湾南部の各基地では、全員がいらいらしていた。霧が深くて飛行機の発進ができないのだ。暗いうちから愛機の整備を終え、早朝の発進を張り切って待っていた整備員たちも、緊張の連続にようやく疲労の色が見えはじめた。ハワイ攻撃成功の電信がはいった。

「ついにやったか!」一身ぶるいするような感動が全員の体中をつらぬいた。だが、この濃い

米空母「レンジャー」から発艦するカーチスＰ40ウォーホーク戦闘機

霧ではどうにもならぬ。

出発が遅れれば遅れるほど、敵はわが攻撃に備えて防禦態勢を固めるだろう。九六陸攻および新鋭一式陸攻の巨体が飛行場いっぱいに並び、ゼロ戦もまた、天候が回復すれば直ちに飛び立てるようズラリと列線に並んでいた。

晴れない霧はない。さしもの濃霧もしだいに薄くなり、午前九時半ごろにはほとんど晴れ上がって南国の青空となった。出撃！　いざフィリピンの空へ。まず、重い爆弾をかかえた一式陸攻隊がつぎつぎに離陸。ゼロ戦隊はずっとおくれて出発した。

この日、フィリピンに向け出撃したのは、クラーク・フィールドを攻撃した台南航空隊のゼロ戦三四機と第一航空隊の一式陸攻五四機、イバ・フィールドを攻撃した第三航空隊のゼロ戦五三機と高雄航空隊の九六陸攻五四機であった。

霧によって出撃の遅れたことが、わが方に幸いした。日本機動部隊がハワイを攻撃したとの電報をキャッチして、早くから警戒態勢にはいっていた敵戦闘機の多くは、いつまでもやって来ない日本機のために、ついに燃料がなくなって着陸せざるを得なかったからだ。その直後、あたかも意識的にその虚をついたかのように、日本機の大編隊があらわれたのである。しかも驚くべきことに、戦闘機の護衛つきではないか。

陸攻隊を掩護して行ったゼロ戦隊の活躍は目ざましく、空中にあったカーチスP40やセバスキーP35など約一五機の敵戦闘機をことごとく撃墜したばかりか、果敢な地上銃撃によって大きな打撃を敵にあたえている。しかも立派に陸攻隊の掩護の役を果たし、陸攻隊とともに往復一〇〇〇カイリにおよぶ洋上飛行をやってのけたのである。敵側はまさか単座戦闘機が、台湾の基地からやって来たとは信じられず、航空母艦から発進したものと考えていた。その証拠に、翌十二月九日、こちらが総点検のため翼を休めていたとき、米軍哨戒機がしきりにバシー海峡から南シナ海の海上を捜索している電信が、台南の基地で傍受された。

夜にはいって戦果が発表されるにおよんで、内地は異常な興奮につつまれた。パールハーバー攻撃によりアメリカ太平洋艦隊の主力が壊滅的な打撃を受けたことが判明したのにつづき、各地における日本軍の目ざましい活躍がつぎつぎに報ぜられ、それまでの重苦しい気分はうすらいで、戦争の前途に対する不安は吹きとばされてしまった。

一般の国民は、このときもまだゼロ戦の存在をほとんど知らなかったし、広大な太平洋の同時作戦にゼロ戦がつねに先頭を切っていたことなどは、もちろん知るよしもなかった。まして相手である連合軍側も、そんなに手ごわい戦闘機が日本にあったことなど思いもよらなかった。そして、その敵がおそるべき存在であることをパイロットたちが知ったとき、それは彼とその愛機の最後を意味していたのだ。

戦術的に見れば、ゼロ戦の真価が一〇〇パーセント発揮されたのは、戦果が派手だった真珠湾攻撃よりむしろフィリピン攻撃の方だった。

なぜなら、台湾南部の基地からフィリピンのクラークおよびイバ基地までは片道四五〇カイリ（約八三〇キロ）、首都マニラまでは五〇〇カイリ（約九三〇キロ）もあり、しかも途中のコースはことごとく海上という未経験の作戦だったからだ。

そこではじめは航空母艦三隻が使われることになっていたのを、三空飛行長の柴田武雄中佐の意見具申で台湾基地からの発進に切りかえられたものだが、もし万一失敗したら出動した全戦闘機が帰れない最悪の事態も考えられるこの作戦転換は、上級司令部にとっても決定によほどの勇気を必要としたことであろう。

事実、この決定があってから、高雄基地の第三航空隊および台南基地の台南航空隊では、これまでにもまして真剣な訓練が開始された。

かつてゼロ戦の初陣を成功させた横山飛行隊長は、このあらたな試練にふたたび挑み、とくに航続力に関しては戦闘三〇分を含め往復一〇〇〇カイリ（約一八五〇キロ）飛べることを各パイロットに要求した。クルマでもそうだが、同じ車種でも走り方により、また運転方法によって燃費はかなりちがう。飛行機では技倆による差がさらに大きかったが猛訓練の成果は目ざましく、全パイロットが一〇時間飛べるようになったばかりでなく、燃費は柴田が予想していた毎時約一一〇リッターを大幅に下まわって毎時七〇リッターを切る者すらあらわれた。

当時の世界のどこに、戦闘機で一〇時間以上も飛ぼうと考え、そして訓練した国があっただろうか。機体もパイロットも、そして一〇〇〇馬力級エンジンでありながら、毎時七〇リッターという低燃費を実現した「栄」エンジンも、それぞれ最高の能力を発揮した結果であった。

ここでちょっと目をヨーロッパに転じてみよう。

ゼロ戦隊が長駆一〇〇〇カイリの往復飛行によって中国奥地の敵基地を攻撃していたころ、イギリスと戦っていたドイツ空軍は、メッサーシュミットMe109戦闘機の航続距離のみじかさゆえに苦戦を強いられていた。

航続距離が七〇〇キロしかなかったMe109は、イギリス上空での空戦二〇分を考えると、その行動半径はせいぜい一九〇キロどまりだった（イギリス戦闘機も同様だったが）。このためしばしば有利な立場にありながら、戦闘を切り上げて帰らなければならなかった。

だからMe109は、フランスのカレー地区の基地からやっとロンドンあたり、またはシェルブール地区の飛行場からポーツマスの少し先ぐらいまでしか飛べなかったので、爆撃機もそれから先に進むことはできなかった。せっかく優位にありながらドイツ空軍がイギリス空軍の息の根をとめることができなかったのは、じつは戦闘機の航続距離の短さにあったのだ。

もしMe109がもう三〇分、戦場にとどまることができたら、〝バトル・オブ・ブリテン〟はあるいはドイツ空軍の勝利に終わっていたかもしれないとは戦史家の確かな仮説であり、事実、ゼロ戦なら三〇分はおろか一時間でもイギリス上空にとどまることが可能だったのだ。

しかもそれだけではなく、空中戦でもゼロ戦は「スピットファイア」に勝る空戦性能をもっていた。このことは、のちにオーストラリアのポートダーウィン空襲の際に実証されることになるが、それはもっとあとの話。

メッサーシュミットMe109戦闘機

なお、海軍航空技術廠飛行実験部でまとめた高度および速度を変えての航続力のテスト結果は、次のようなものであった。

○高度三〇〇〇メートルの場合

速度	航続時間	航続距離
二六〇キロ	一一・五八	三〇二八キロ

三〇〇キロ　八・九〇　二六三七キロ
三三〇キロ　六・七三　二三四五キロ
三七〇キロ　五・〇四　一八六七キロ
○高度六〇〇〇メートルの場合
二六〇キロ　一二・六八　三三八七キロ
三〇〇キロ　一〇・四〇　三〇八二キロ
三三〇キロ　八・二五　二七四八キロ
三七〇キロ　六・五八　二四三七キロ

それにしても、ちょっとクルマをとめてトイレ、などということのできない戦闘機の窮屈な座席に、一〇時間も座りずくめだったゼロ戦パイロットたちも御苦労なことであった。

ゼロ戦覚え書その二——ゼロ戦の派生機種

二式水上戦闘機（A6M2―N）

昭和十五年、海軍は南方作戦に備えて高性能の水上戦闘機（水戦）をつくることを決定し、川西航空機に十五試水戦「強風」を発注する一方、早く、しかも確実に間に合わせるためにゼロ戦の水上機化を計画した。改造設計は中島飛行機で行なわれたが、一一型の脚、着艦フックを廃してフロートを取り付けたほか、方向舵と胴体尾部を改修し、太平洋戦争開戦当日の昭和十六年十二月八日に初飛行した。

零式艦上戦闘機から生まれた別機種

【図11】

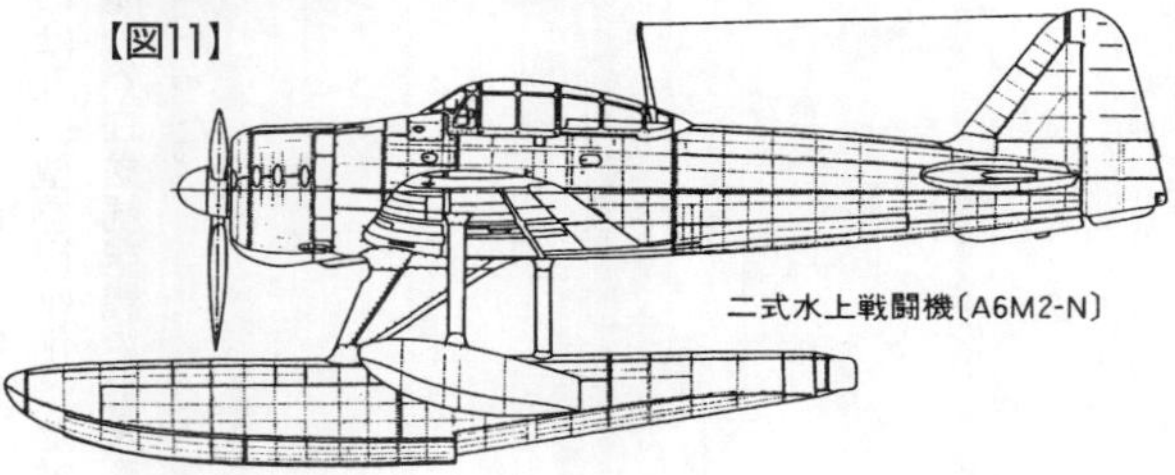

【図12】

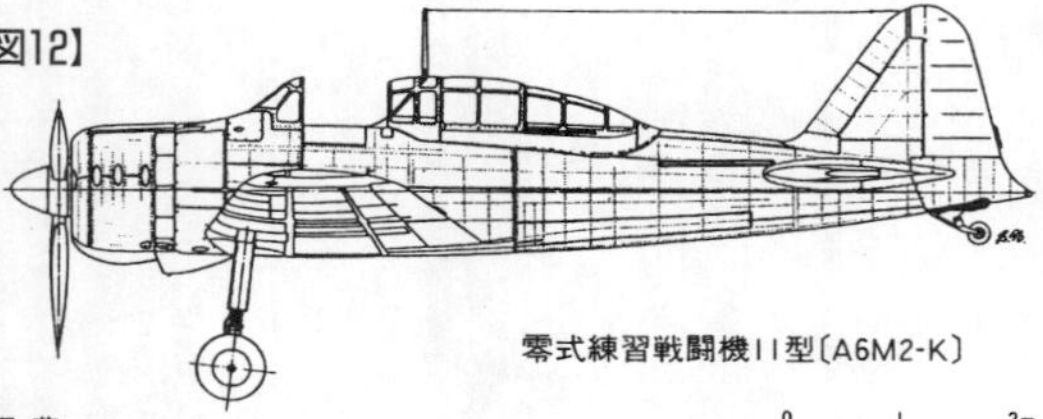

作図・野原 茂

最高速度は一〇〇キロ／時近く低下し、上昇力も少々鈍ったが、格闘戦に強いゼロ戦の特性を受け継いだだけに、フロートつきのハンディを負いながらも戦争の中ごろまでは連合軍戦闘機と互角に戦った。中島飛行機で三二七機が生産された。

零式練習戦闘機

昭和十七年、ゼロ戦による訓練用として十七試練習戦闘機が計画され、十八年三月に零式練習戦闘機一一型（Ａ６Ｍ２―Ｋ）として制式採用された。二一型の操縦席後部に教官席を設けて複操縦装置化し、二〇ミリ機銃を廃止するなどの改造が加えられた。なお、後部胴体の両側面に細長いスタビライザー（安定用のひれ）が取り付けられているのも他のゼロ戦各型にはない特徴である。日立航空機で二七三機が生産された。このほか、昭和二十年には五二型を複座化した零式練戦二二型（A6M5－K）が海軍の手で試作され、一一型と同じく日立航空機で生産される予定だったが、生産準備中に終戦となり、二機の試作のみに終わった。

第二章——ゼロ戦隊強し

スラバヤ上空の凱歌

まさに破竹の進撃だった。

陸海軍航空部隊による猛攻と、地上部隊の上陸によってフィリピンの占領地域が拡大されると、十二月半ばには三空戦闘機隊の一部がミンダナオ島のダバオに進出した。僚隊である司令斎藤正久大佐のひきいる台南空も、十二月末にボルネオ北東端の東にあるスール諸島のホロ基地に進出し、三空とのはげしい先陣争いがはじまったのだ。

すなわち、三空先発隊は柴田飛行長の直率で二四機がダバオに進出すると、すぐに五〇〇カイリ先のボルネオのタラカン島を攻撃、空中にあった敵戦闘機その他の大半を撃墜してしまった。

このあと台南空が進出したホロ島は、ちょうどダバオとタラカン島の中間にあり、三空の素早いタラカン攻撃は台南空のホロ島進出の露払い的な役割を果したが、二三航戦司令部からは〝ひとの（台南空の）領分をおかしてはならない〟とお叱言《しかり》をくった。

「台南空が来る前にやってしまえ」

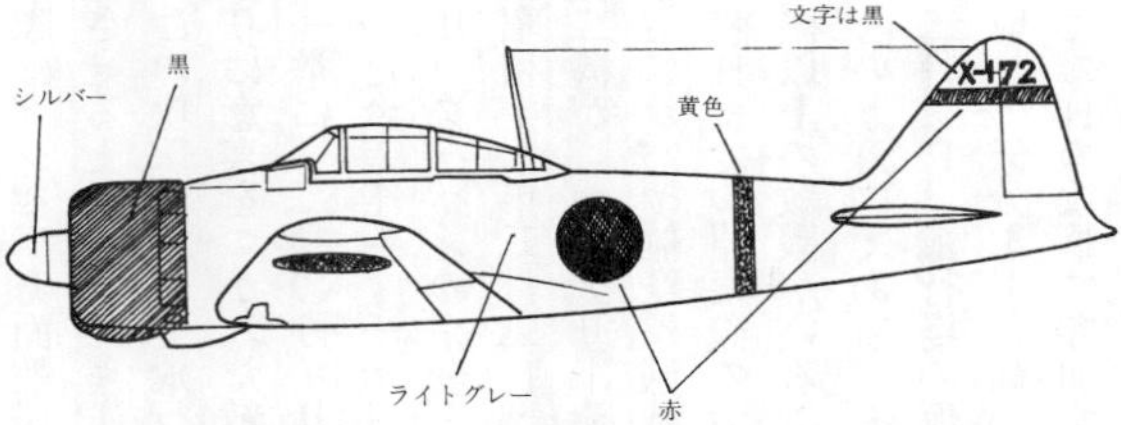

【図13】 第3航空隊の分隊長機Xは3空の略号

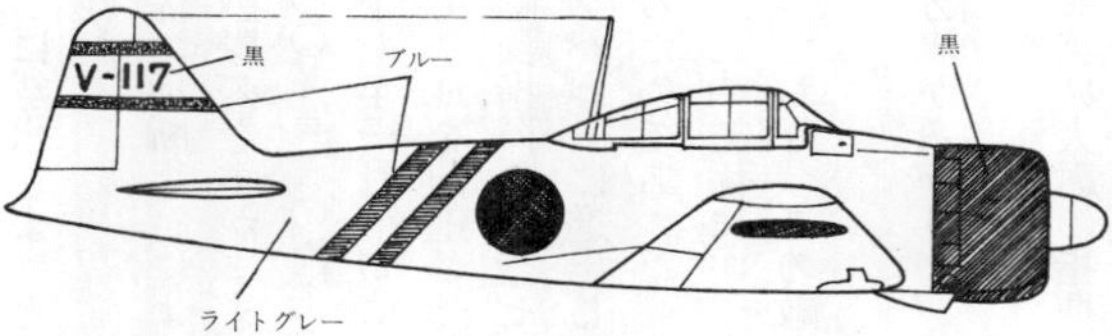

【図14】 台南航空隊中隊長機Vは台南空の略号

三空の隊員たちには無言のうちにそういった先陣争い的な気分があったのは事実だったが、そのくらい当時のゼロ戦隊は強かったということだ。

しかもこのあと、ケンダリー、バリックパパンをへて二月下旬にチモール島クーパンに進出すると、間髪を入れずオーストラリア本土のポートダーウィンおよびブルームを同時攻撃した。ダーウィンまでが約四五〇カイリ、ブルームまでが約五〇〇カイリ、それぞれ指揮官向井一郎大尉と宮野善治郎大尉の指揮で、九八式陸上偵察機の誘導するゼロ戦一二機ずつで攻撃に向かったもので、どちらも目ざましい戦果をあげた。とくにブルーム攻撃に向かった宮野大尉の一隊は、ジャワ方面救援のためまさに離水しようとしていた敵飛行艇十数機を捕捉して、全滅させるというラッキーにめぐまれた。

この攻撃はすべて飛行長柴田中佐の独断専行によるものであったが、あまりの迅速な進出ぶりに意表をつかれた敵は、ゼロ戦隊のなすがままといった状態だったようだ。

一挙に一二〇〇カイリ（約二二〇〇キロ）の海上を飛んで、十二月末に台南からホロ島に移った台南空も、一ヵ月後の昭和十七年一月下旬にはボルネオのタラカン島に進出、さらにバリックパパンの完全占領を待って基地を前進させた。

昭和十七年二月二日、横山飛行隊長指揮の三空ゼロ戦隊三個中隊三〇機と誘導の陸上偵察機二機が、ケンダリーからバリックパパンに進出し、台南空と合流した。二月三日からはじまるスラバヤ航空撃滅戦に参加するためであった。

前日までの偵察機の活躍により、この方面にすくなくとも五〇機以上の戦闘機を含む一〇〇機以上の敵機がいることがわかっており、この敵を一挙に葬ってジャワ攻略を容易にしようという意図である。

二月三日。飛行場の仮指揮所にZ旗があがり、パイロットたちは今日の作戦の重大さを感じ取って気分を引き締めた。

この日の攻撃に参加するのは新郷英城大尉の指揮する台南空のゼロ戦二七機と、横山保大尉の指揮する三空のゼロ戦二七機で、これにそれぞれ誘導の陸上偵察機が一機ずつついた。

【図15】ゼロ戦隊快進撃のあと

午前八時三〇分、出動するパイロットたちが整列し、台南空の斎藤司令から訓示をうけたのち、それぞれ新郷隊長と横山隊長から細かい指示をうけて九時半に三空、台南空の順序で離陸を開始した。

小隊単位の編隊離陸後、左旋回で上昇しながらしだいに中隊に、そして大隊単位の編隊をととのえつつ飛行場上空で誘導の偵察機と合流した。すでに歴戦の舞台を踏んで来たパイロットたちは、二七機の編隊を組むのにさして時間はかからなかった。これがまずいと、空中集合のためにひどく燃料を喰ってしまうのだ。

飛行場上空に、ややあった雲も、進撃針路を二二〇度にとって洋上に出るころになるとすっかり晴れわたり、エメラルド・グリーンの美しい南の海が眼下に果てしなくひろがっていた。

後ろにつづく頼もしい二六機の精鋭を意識しながら、横山にはひとつの感慨があった。十二月八日開戦の日、生まれてはじめて五三機という大編隊をひきいてフィリピンに向かったときは、「男士の本懐これに過ぎるものなし」と全身を突き抜けるような感動に酔った。今度の出撃は待ちうけている敵戦闘機の数からして、あのときより激戦になる公算が大きかったが、実戦の場数を重ねて来た横山はそれほど興奮をおぼえることもなかった。

「オレも戦争なれして来たな」

ふとそう思って苦笑するほどの余裕すら生じていたが、それはかれの愛する部下たちとて同様だった。鍛えに鍛え抜かれた上に実戦の経験もつみ、心技体ともに最高に達したパイロ

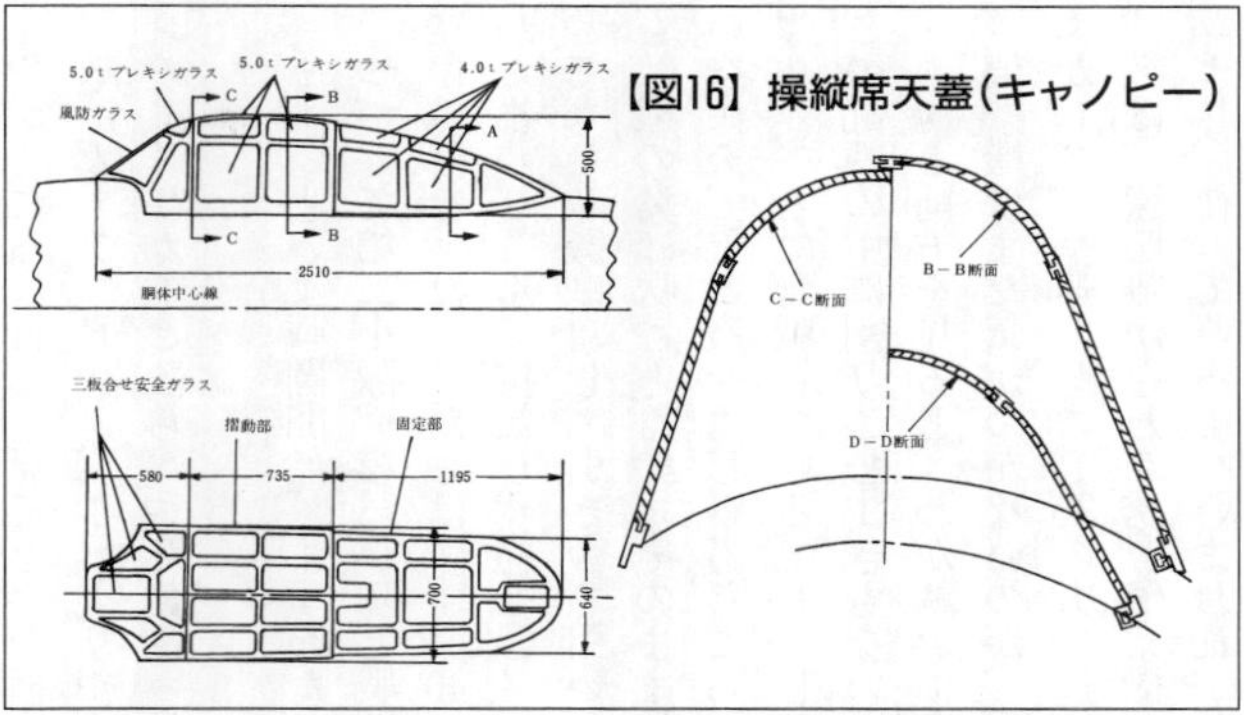

【図16】操縦席天蓋（キャノピー）

ットたちがゼロ戦というこれまた最高の戦闘機に乗って敵地に乗り込み、いざ決戦を挑《いど》もうというのだ。

空も海も藍《あい》一色の中を進むゼロ戦隊の視界のいい風防の中では、パイロットたちが互いに僚機と目でうなずき合ったり、手信号で合図をかわしたりしていた。

単調な洋上飛行が二時間をすぎたころ、平坦なマズラ島が視界に上り、その向こうにジャワの大きな陸地が見えて来た。

いよいよ敵地は近い。間もなくスラバヤの市街が前下方にあらわれ、横山は戦闘準備隊形を指示し、やや編隊の間隔をひろげた隊形となって索敵を強化した。

一二時三〇分、高度六〇〇〇メートルでスラバヤ上空に突入した。と同時に、左前方上空にほぼ同高度で飛ぶ敵戦闘機群を発見した。機数は約二〇機ほど、戦《いく》さになれた横山は、少しずつ高度を上げながら敵編隊の後方にまわり込むよう味方編隊を誘導した。編隊同士の空戦のときは、単機同士のときのようにすぐ襲いかかることはできない。

やがてころは良しと見てとった横山は、激しくバンクを振って戦闘開始を指示した。
敵はカーチスP40と、これよりやや旧式な空冷エンジンつきのカーチスP36で、フィリピンのアメリカ軍とはちがった黄色い三角マークがついたオランダ機だった。

——いよいよ戦闘開始。まずわたしの第一小隊が、敵の右翼中隊に襲いかかった。つづいて第二小隊、第三小隊と戦闘に加入していった。これから先は、彼我入り乱れての空中戦となった。わたしはまずP40に喰いついた。左に旋回しようとする敵機に、やや上方からまわりこんで接敵し、約七〇メートルぐらいにまで接近して、照準器の中に大きくうつって来た敵機に対して引き金を引いた。曳痕弾が敵機に吸いこまれたかに見えた瞬間、早くも敵機の翼は吹っとんで、そのまま墜落していった。機首を引き上げて周囲を見渡すと、広い空中を、ところせましとあちこちで空中戦闘がはじまっている。わたしの右方では第三中隊がみごとに奮戦している。わたしはその上方に位置して、つぎの獲物を見つけようとした。この乱戦の中に割りこむすきもない。

ふっと前方を見ると、わが誘導偵察機に敵P36が接近しつつあるではないか。偵察機はまだ気がつかないのか、ゆっくり旋回している。危ない！　わたしはエンジンをふかして、全速でそのP36の方に近づいていった。

敵は、遠距離からわが誘導偵察機に向かって発射しだした。

「よし、待っていろよ。いまおれが落としてやる」

わたしは心の中でそう叫びながら、優速を利してたちまち追いつき、十分に喰いついてから機銃を発射した。敵機はたちまち白煙を吐きながら下降しはじめたが、なかなか火を吐かない。わたしはなおもそのあとを追いかけるようにして突っ込み、ふたたび引き金を引いた。今度は確実な手ごたえがあり、炎上しながら落ちていった。

ふたたび高度を上げていくと、誘導偵察機の搭乗員が手を振っている。おそらく自分を追尾して来た敵機を撃ち落としてくれたことに対して、感謝の合図をしてくれたのだろう。

「偵察機よ、あまり戦場に近寄るな」

と目で合図しながら、つぎの敵を見つけることにした。

第二中隊、第三中隊も、おそらく思い切った空中戦を展開していることだろう。もしこの日、この晴れた日のスラバヤ上空を見ていた人があったとしたら、敵味方合わせて一〇〇機以上の戦闘機が大空せましと格闘している光景を見て、さぞかし壮観だったことだろう。

ひとわたり空戦がすみ、戦場が整理されたあとで空中を見まわすと、残っているのはゼロ戦ばかりだ。そしてわたしの小隊が空中を警戒遊弋《ゆうよく》している間に、第一、第二中隊は地上攻撃に入った。

一三時四〇分、わたしは予定集合地点の上空、高度六〇〇〇メートルで旋回しながら、友軍の集合して来るのを待った。わたしの小隊のほかに第二小隊は集まって来たが、そのほかはなかなか集まって来ない。すでに帰途についたのだろう。

わたしは帰ることに決め、誘導偵察機なしで、スラバヤ上空からバリックパパンに向けて北に進路をとった。

それにしても今日の空戦はすごかった。

おそらく交戦機数では敵味方合わせて空前のものだったろう。そしてわたしの見ている前で、あちこちに火を噴いて落ちて行くもの、空中分解してばらばらになって落ちて行くもの、たぶんこれらの飛行機は全部が敵機だったにちがいない。否《いな》、わたしは友軍全機の無事なることを願った。

午後四時一五分、無事基地に帰着した。

今朝離陸してから、約八時間の飛行だった。

三空隊はもちろん、台南空隊もすでにほとんどが帰投していた。

今日も、わたしの機影がなかなか見えなかったので、司令以下が非常に心配されていたという。わたしは仮指揮所に行って搭乗員たちと今日の戦果を整理するとともに、まだ帰っていない飛行機があることを知った。山谷二飛曹、森田三飛曹、昇地三飛曹と偵察機の鈴木大尉機がまだ帰らなかった。

斎藤司令に戦闘報告をすませたのち、わたしは指揮所に残ってこの部下たちの飛行機が、いまにも姿を現わすことを念じながら待っていた。

敵味方入り乱れての激戦で、だれもこの帰らざる飛行機の最後の模様を見とどけたものはなかった。あたりはようやく暮れかかって来る。

だが、立ち去ろうとする搭乗員は一人もいない。みんながわたしと同じ気持で、戦友の帰りを待っているのだ。もうすでに燃料も切れた時刻だ。

わたしはみんなに言った。

「もう今日の戦闘は終わった。帰って、あすの戦闘に備えてくれ。あすはかれらの弔《とむら》い合戦だ。きっと仇は討つ！」

搭乗員も整備員も、みんな黙々として各自の宿舎へ引きあげて行った。

今日あって明日のない命《いのち》は、戦場での宿命である。そして、きびしい戦闘のうちにあっては、少しの感傷も許されなかった。

わたしはテントばりの食堂に帰った。そこには鈴木大尉の食膳がぽつんと置いてある。あたたかい汁もついている。従兵が心から捧げた花が一輪、その食膳に供えられていた。（横山保著『あゝ零戦一代』光人社刊より）

この日、三空と台南空両隊合わせて約九〇機の敵機を撃墜破し、スラバヤ方面航空撃滅戦は第一日で敵航空兵力の大部分を葬り、それからの作戦を大いに有利に進めるきっかけをつくった。このあと三空はケンダリーを経てチモール島へ、台南空はバンジェルマシンを経てバリ島へと進出し、オランダ領東インドシナ（当時は蘭印とよんでいた）の広大な戦域は、もっぱらこのゼロ戦をもつ二つの航空隊によって制圧されてしまった。

ちなみに、三空の活躍に対してあたえられた感状によれば、一月十二日から三月三日までのこの方面の作戦での戦果は、撃墜八六、大破炎上九〇で、開戦以後の分を合わせると撃墜約一五〇機、大破炎上一七〇機に達した。

しかもこの間の三空で失ったゼロ戦パイロットはわずかに一一名だった。いかに当時のパイロットたちの技倆とゼロ戦の性能がすぐれていたかがわかるだろう。

なお、当時この方面で三空と戦果を競った台南空には、『大空のサムライ』で有名な六四機撃墜のエース坂井三郎一飛曹（のち中尉）もいて、撃墜スコアをのばしながらしだいに頭角をあらわしつつあった。

進化するゼロ戦、三二型と二二型

話を少し前にもどそう。

一一型が中国大陸で目ざましい活躍ぶりを示していたとき、航空母艦での使用に便利なように翼端を折り曲げられるようにした二一型も生産に入り、しかも設計した三菱だけでなく中島飛行機でも生産準備中だった昭和十六年はじめ、またもやゼロ戦の改良要求がでた。

というのは、一一型および二一型に装備されていた「栄」一二型エンジンは高度四二〇〇メートルで最大出力の九五〇馬力を出すようになっていたが、早くからエンジン出力の向上が望まれ、その改良型であるより強力な「栄」二一型が、海軍航空技術廠のテストにパスして使える見通しがついたからである。

空気とガソリンの混合気を燃焼させて出力を得るガソリン・エンジンでは、燃料であるガソリンとの混合割合に見合うだけの空気量を必要とする。ところが、高度が増すとだんだん空気がうすくなるので、エンジン出力が低下する。これを防ぐためにエンジンを動力源とする過給器（スーパーチャージャー）をはたらかせ、空気を圧縮して必要量を気化器（キャブレター）に送りこむようになっており、「栄」一二型ではこの過給器が高度四二〇〇メートルではたらくようになっていた。

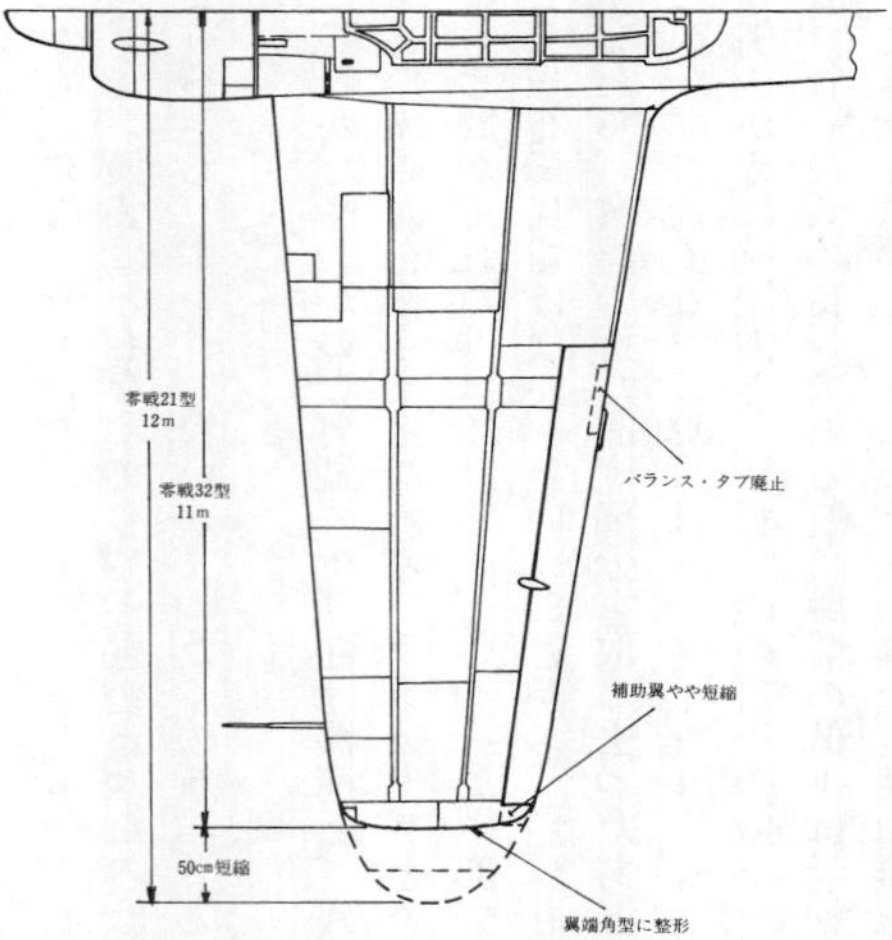

【図17】零戦21型から変化した32型の主翼

「栄」二一型はこの過給器を高度二八〇〇メートルと六〇〇〇メートルの二段階で作動するようにしたもので、高度二八〇〇メートルで一一〇〇馬力、六〇〇〇メートルでも一二型より多い九八〇馬力の最高出力が得られた。

二段式過給器つき「栄」二一型エンジンを装備したゼロ戦の試作機は昭和十六年六月に完成し、ゼロ戦三二型、A６M３とよばれた。つまりエンジンが変わったことにより二番目の数字が一から二となり、エンジン換装にともなって機体各部がかなり変わったので一番目の数字も二から三になったわけだ。

エンジン換装にともなってもっとも変わったのは機体前部の形状で、防火壁の位置が一八五ミリ後退し、エンジン覆いがまったくの新設計となって、機首の形が一段とスマートになった。

このほか、やっかいな翼端の折り曲げ機構と、A6M2一二七号機以降につけられていた補助翼の操舵力を軽くするためのバランスタブという小翼をやめれば、生産上にも取り扱い上にも手間がそれだけはぶけるし、いっそ翼端部分を取り除いてしまったら、速度も多少は増して一石二鳥ではないかということから、主翼も改造された。

すなわち、翼端の折り曲げ部分を取り去ったあとを角張った形に整形した結果、両翼が五〇センチずつ短くなって翼幅は一一メートルとなった。しかし、性能的にはわずかな速度向上と引きかえに航続力と、空戦性能の若干の低下をもたらした。

ゼロ戦の最大の特長である航続距離の低下は最初のうちはたいして問題とならなかったが、やがて重大な戦局の転換により失われた航続距離をもとにもどせという要望がおきた。

開戦以来、日本の南方進撃の先鋒としていずれ劣らぬ活躍を示した三空と台南空は、搭乗員の一部を新編成の第六航空隊(六空)の基幹要員として内地に帰した。

三空は宮野善治郎大尉以下、台南空は新郷英城大尉以下のベテラン搭乗員たちばかりで、

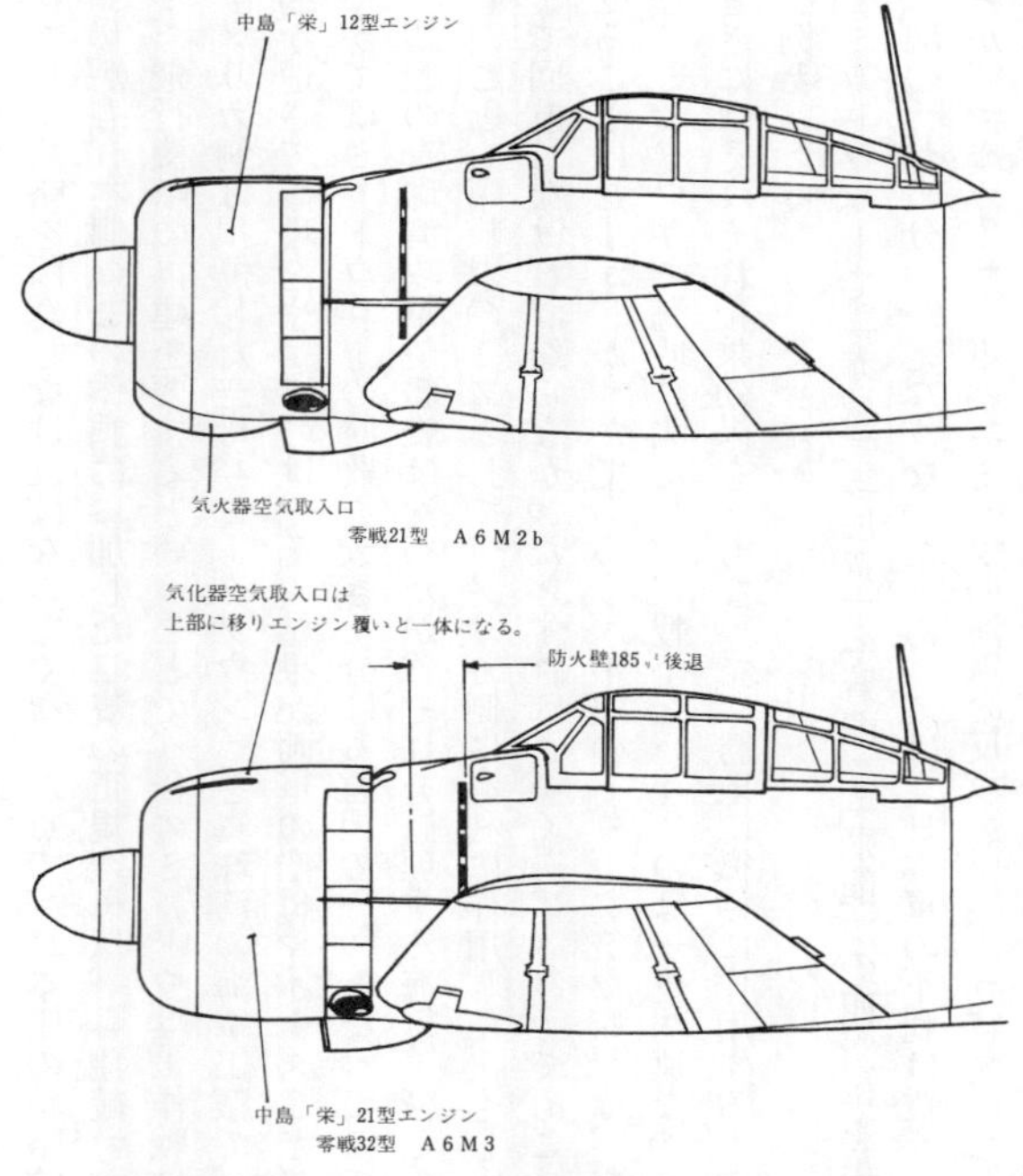

【図18】零戦21型と32型の機首付近の変化

これに若い搭乗員たちを加えて木更津で練成に入ったのが三月末から四月にかけてだったが、ちょうどこのころ、それまで勝ちつづけて来た日本軍にとって最初のつまずきとなった珊瑚《さんご》海海戦がおきた。

五月七日、八日の二日間にわたって行なわれた史上初の空母同士の戦闘がそれで、戦闘そのものは双方一隻沈没、一隻損傷だから互格だったが、企図していたポートモレスビー攻略を断念しなければならなくなった点で、日本側の戦略的敗北だった。

しかも日本側のこの作戦に参加した二隻の正規空母は、「翔鶴《しょうかく》」が大破修理、「瑞鶴《ずいかく》」もまた飛行機隊の再建を要するということで、後のミッドウェー作戦に使えなかったのに対し、アメリカ側は損傷した空母「ヨークタウン」を真珠湾の海軍工廠で、わずか三日という驚異的な速さで修理をやってのけ、その結果が両軍の空母マイナス2とプラス1の差となって、やがてはミッドウェーの勝敗を大きく分ける遠因の一つとなったのである。

緒戦の真珠湾攻撃で艦艇は沈めたが、それを修理する海軍工廠その他の施設を無キズで残したことも、攻撃のミスとしてアメリカ側に有利に作用した。もし「ヨークタウン」を本国まで回航しなければならなかったとすれば、いくらアメリカでもこうも早く、戦列へ復帰させることはむずかしかったであろう。不運の「ヨークタウン」は、立派に二度の役目を果たしてミッドウェー海域に沈んだが、戦争というものは一見関連なさそうな個々の出来事が、ときにはそれぞれ相乗効果をともなって、勝敗に微妙に作用するものだということを物語る好例といえる。

ミッドウェーで「赤城」「加賀」「蒼龍」「飛龍」の四空母を失い、珊瑚海で「翔鶴」「瑞鶴」が当分つかえなくなったとあっては、日本軍の不利は覆うべくもなかった。このことが、マッカーサー軍とニミッツの海軍の反攻をいっそう容易にした。そしてガダルカナルという、それまでまったく知られていなかった地名が、やがて日米両軍がしのぎを削る決戦場として、クローズアップされていくことになるのだ。

日本から五〇〇〇キロ、赤道を越えた南太平洋の彼方に横たわるソロモン群島の一島嶼に過ぎないガダルカナル島に飛行場をつくるため、日本海軍の設営隊が上陸したのは七月六日で、十六日から作業を開始した。だが、たちまち連合軍の発見するところとなり、執拗《しつよう》な敵偵察機の監視を受けるようになった。

七月末からは大型機数機が連日のように爆撃にやって来たが、これらに対して大本営もこの方面担当の第八艦隊司令部も、せいぜい飛行場設営の妨害といった程度にしか見ていなかった。こうしたわが軍の甘い判断の隙を衝いて、連合軍のガダルカナル島上陸が行なわれたのは八月七日だった。明らかに日本軍による飛行場設営が完了する直前の好タイミングを狙ったもので、やるだけやらせて置いて、出来上がったものをそっくりいただいてしまおうという魂胆《こんたん》であった。

バンデグリフト少将のひきいる一万七〇〇〇名の米海兵隊が上陸したとき、ガダルカナルには門前鼎大佐のひきいる第一一および第一三設営隊合わせて約二六〇〇、守備隊員二四〇名がいたが、武器を持たない設営隊員が大半だったので、連合軍の上陸を阻止することは出来なかった。ガダルカナルと同時に、すでに横浜航空隊の飛行艇基地としてつかわれていたフロリダ島ツラギも、連合軍の手に落ちた。

ことここにおよんで大本営も重大な判断の誤りに気づき、ガダルカナル奪回の方針を決めた。ここから、ガダルカナル飛行場争奪をめぐっての約七ヵ月におよぶ連合軍との死闘がはじまるのだが、勝敗の帰趨《きすう》は一にも二にも制空権の確保にあり、戦闘の主役は航空機であった。

だから、大本営がガダルカナル作戦に航空兵力を集中して投入することを決めたのは当然で、南東方面最大の基地ラバウルには、ぞくぞくと航空部隊が進出した。

アリューシャンおよびミッドウェーにそれぞれ分派された六空隊員たちは、六月下旬以降、木更津に帰って来ると、次の第一線進出にそなえてふたたび猛訓練を開始した。

飛行隊長兼子正大尉に代わって新任飛行隊長小福田祖《みつぐ》大尉が六空に着任したのは八月はじめ、ちょうど連合軍のガダルカナル上陸の頃だった。

小福田大尉は六空の行き先は単に南方とだけしか聞いていなかったが、よもやガダルカナルの戦闘に投入されるため、ラバウルに行かされようとは思っていなかった。

もともとラバウルには戦闘機隊として台南空がいたが、ちょうど連合軍のガダルカナル上陸の前日、艦爆と戦闘機で編成された第二航空隊が到着した。二空は六空の到着を待ってともにニューヘブリデス、ニューカレドニアに進出することになっていたが、翌日から早くも激烈な戦闘に巻き込まれてそれどころではなくなり、しかも増援が必要とあって、急遽、六空が差し向けられることになった。

小福田大尉が着任当時、六空にはゼロ戦が約六〇機、パイロットが一〇〇名くらいいたが、何分《なにぶん》にも練成中の部隊なので、大半の搭乗員はまだ若い未熟者だった。これでは部隊としての戦闘はおろか、ラバウルに無事到着することさえ覚《おぼ》つかない。本来なら空母で運ぶ方法をとるべきだが、そのため搭乗員の練度が上がるまで待つことは許されない。そこで取りあえず熟練者だけが、新任飛行隊長小福田大尉の指揮で、空路、先発することになった。

八月十九日、選ばれた熟練搭乗員の乗る一八機のゼロ戦は、総員「帽振れ」の見送りの中を一路、ラバウル目指して飛び立った。ゼロ戦隊は一式陸上攻撃機（一式陸攻）の誘導で途中、硫黄島、サイパン島、トラック島を経て、約一週間後にラバウルに到着した。トラック島出発後、故障で二機が引き返したほかは全機無事で、はからずも五〇〇キロにおよぶ単座戦闘機隊空中移動の新記録となった。

島伝いとはいえ、いずれも一三〇〇キロから一五〇〇キロの海上飛行であり、ゼロ戦のずば抜けたアシの長さと中島飛行機製「栄」エンジンの信頼性がもたらした一大壮図として、以後のわが戦闘機隊ラバウル進出の前例となったものであった。

空中移動の先発隊につづき、森田司令や宮野大尉を指揮官とする搭乗員たちは、ゼロ戦二七機とともに空母「瑞鳳《ずいほう》」に便乗して、九月末から十月はじめまでにラバウルに到着、全力の集中が完了した。

だが、トラック島から空路ラバウルに飛んだ先発隊が無キズだったのにくらべ、空母「瑞鳳」で行った本隊からは三名の犠牲者を出した。当時の模様を、中隊長宮野大尉の三番機だった大原亮治二飛曹は、次のように語っている。

「発艦したのは十月七日だった。

位置はラバウルの北、トラック島とラバウルの中間あたりで、母艦の姿がだんだん小さくなりやがて見えなくなると、急に心細くなった。何しろ眼に入るのは一面の青い海だけ。不慣れな初の長距離海上飛行とあって、経験のある隊長機だけが頼りだ。

しばらく飛んだ頃、急に一機が高度を下げはじめた。そこで前方に出て宮野大尉に、下に一機いることを手まねで知らせた。諒解した宮野大尉の指揮で、編隊のまま南方の大海の上を一回まわった。なおもそのゼロ戦は高度が下がって行くので、私がズーッと近づいてみると、同期生の庄司二飛曹で、さかんにエンジンを指さして不調を訴えていた。

宮野大尉も降りて来て、庄司に何やら指示した。どうやらラバウルをあきらめ、手前のニューアイルランド島カビエンに行けということらしい。

上空ではなお編隊のまま旋回をつづけていたが、気が気ではなかった。庄司のこともさることながら、この大海の真っ只中でもし機位（自分の飛んでいる位置、方向など）を失くしたらエライことになるからだ。燃料の切れるまで飛びつづけ、海上に着水したあとの運命は、思っただけでもゾッとする。専任の航法士が乗り組んでいる陸攻の誘導でもあればともかく、今回は戦闘機だけの単独行なのだ。

やがて庄司機が海上に着水するのを全員で見届けたのち、庄司の小隊長だった相根勇一飛曹長を監視に残して編隊はラバウルに向かった。

現場にただ一機残った相根飛曹長は、ラバウルまで飛べる燃料のギリギリまで、不時着した庄司機の上空を哨戒して部下を勇気づけた。

当時、増槽（胴体下に取りつけられた補助タンク）をいかに長くつかうかが、搭乗員仲間では腕自慢のひとつになっていたが、増槽から胴体タンクに切り替える操作がおくれると、エンジンが一瞬ストップして高度が下がることがよくあった。庄司の場合はこの操作を誤ったか、たまたま空気を吸い込んでベーパーロックになったかでエンジンが再始動せず、不時着してしまったものと想像された。

ラバウル目指して一路南下した本隊は、ニューアイルランド島の手前に立ちはだかる雲の壁にぶつかった。この中に突っ込んだら危険なので、雲の上に出るか下を飛ぶか、迂回するか、または引き返すかは指揮官の判断しだいで、それによっては全機遭難の運命ともなりかねない。

宮野隊長は判断よく雲の下を飛ぶことにした。雲の下と山の稜線の間のわずかな空間を、山稜をかすめるようにして飛び抜けた。高度は数百メートルだったと記憶している。

このとき、また一機が編隊から脱落して行くのが見えた。雲に悩まされながらニューアイルランド島を越え、ラバウルに着いたときは、本当にホッとした。しかし、私が目撃したほかにも二機到着していなかった。細野政治と川上荘六で、私は後ろの方の小隊にいたので気づかなかったが、ニューブリテン島の手前で雲の下に降りるとき、この二機が海面に向かって高度を下げて行くのを、中村佳雄二飛曹が確認している。

ラバウルに着くと、すぐに不時着機の救援に水上機が派遣された。相根飛曹長の話では、庄司吉郎二飛曹は海上に浮かんだ翼の上に出て、マフラーを振っていたそうで、飛行機が沈んだあとかれは、サメ除けにマフラーを長くして泳いでいたらしい。水上機が現場に到着したときには、飛行機の沈没地点を示す油が浮いていたが、人影は見当たらず、その代わりにサメが沢山泳ぎまわっているのが見えたという。痛ましい庄司二飛曹の最期だった。

夜になって、陸軍から宮野大尉戦死の報が入ってびっくりした。私が列機として一緒に飛んで来たのに、冗談じゃないと思った。おそらく行方不明となった誰かが、宮野大尉の名前の入った落下傘をつけていたことから、誤認したものだろう」

六空の主力も集結を終わり、兵力を消耗していた二空に代わって、六空がこの方面の主役となったが、それまでの状況はたいへんなものだった。

わが方は常に敵を圧倒する戦果を挙げながらも、消耗機の補充が追いつかないため、九月はじめには二空戦闘機隊の可動機は九機に落ち込み、二空とともに寡兵よくこの方面の大敵を引き受けて奮戦していた台南空も、可動機は常時二〇機前後にとどまっていた。

ことにガダルカナル攻防戦がはじまってからは、ラバウルとガダルカナルの途中に飛行場をつくらなかった日本軍の不手際から、戦闘機隊は連日片道五六〇カイリ（往復二一〇〇キロ）の長距離進攻を強行する羽目になり、飛行機の消耗もさることながら、搭乗員の疲労はその極に達した。このため、前出の坂井三郎一飛曹がガダルカナル攻撃の初日に重傷を負ったのをはじめ、笹井醇一中尉、高塚寅一飛曹長、羽藤一志二飛曹、国分武一二飛曹といったエースたちが相次いで戦死した。

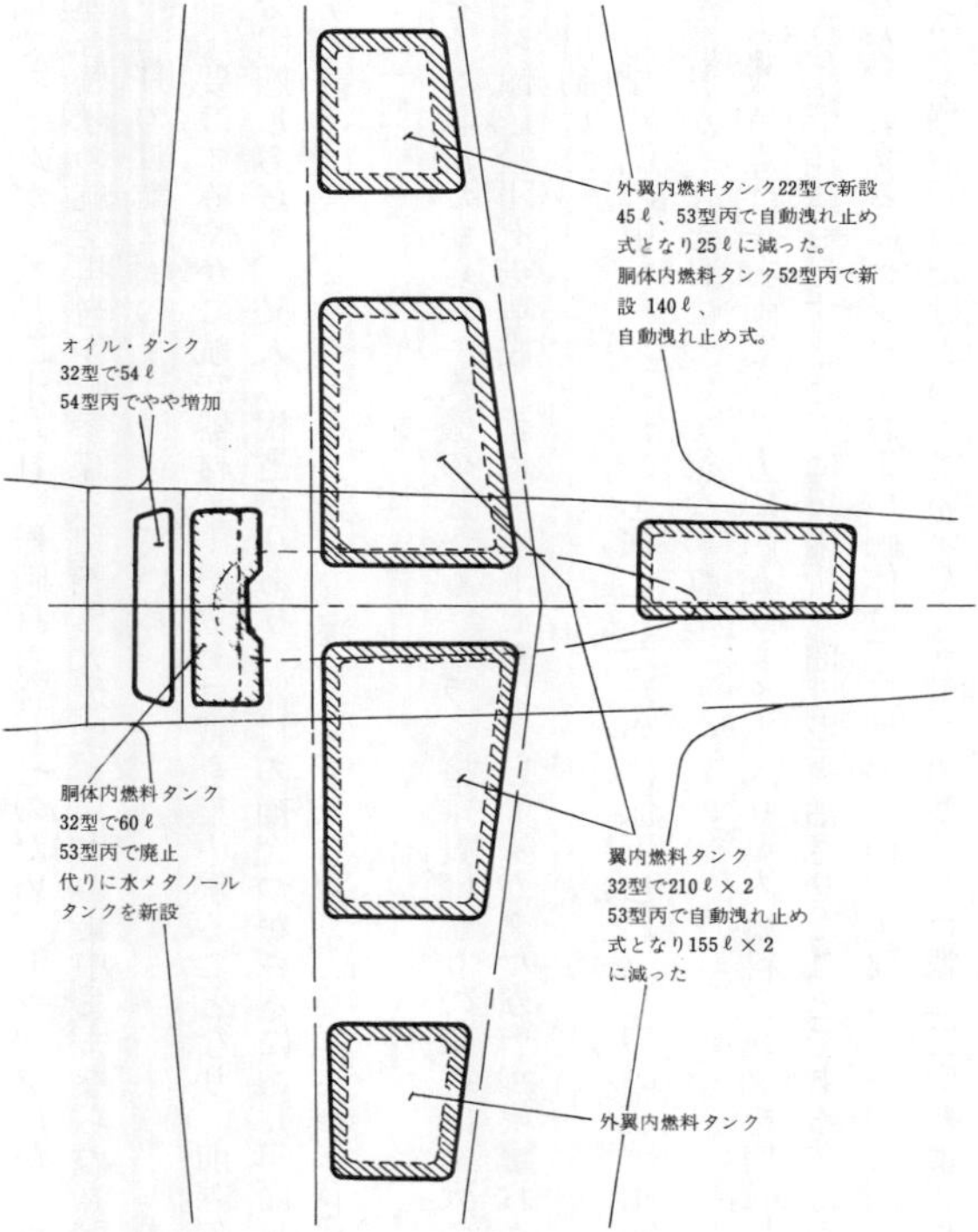

32型　翼内タンク 210ℓ×2＋胴体内タンク60ℓ
22型　32型＋外翼内タンク45ℓ×2
52型丙　52型＋自動洩れ止め式胴体タンク 140ℓ新設
53型丙　胴体内60ℓタンクを廃止、全タンクや自動洩れ止め式とする。

【図19】零戦32型以降の燃料タンクの移り変わり

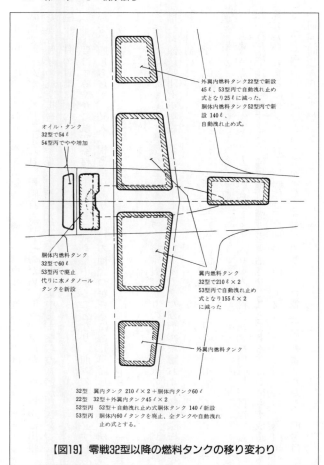

小福田大尉のひきいる六空先遣隊の一六機がラバウルに進出したのは、ちょうどそうした時期であったが、八月二十九日、作戦打ち合わせのため、トラック島からラバウルに出張した連合艦隊の航空担当作戦参謀三和義勇大佐は、兵力の集中ままならぬもどかしさを、八月三十一日の日誌に次のように書いている。

「――要はすみやかに航空器材――一号ゼロ戦を集中することなり、前線の将兵は必ずしも疲労困憊しあらず、又人も相当余りあり、器材の補充つかざるにあり。而して中央は補充つかずと言うは苦しきことなり、寝ても寝られざる状況なり」（注、一号ゼロ戦とは一一型および二一型のこと）

そんな状況だから、一六機のしかもベテラン搭乗員ばかりの来援は旱天の慈雨で、到着早早から輸送船団上空哨戒、ラエ、ポートモレスビー、ガダルカナル攻撃および陸攻隊掩護などに出動した。

こんな状況の中で、エンジンを強化したために低下した三二型の航続距離をのばすための改造設計が、夜を日についで行なわれた。

主な改造点は左右両翼の外方に四五リッター入り翼内燃料タンクを増設し、翼幅をもとの一二メートルにもどすとともに翼端折り曲げを復活させたことである。ほかにも小改造はあったが、要するにエンジンおよび胴体は三二型のもの、主翼は二一型と同じものに翼内燃料タンクを増設しただけといっていいだろう。この型はゼロ戦二二型とよばれたが、略号は三二型と同じA6M3だった。

航続距離をのばすためのゼロ戦二二型の改造設計が進められる一方では、少しでもガダルカナル攻撃の距離を短くしようとブーゲンビル島ブインおよびブカ島に基地が建設された。したがって、昭和十七年秋に二二型が完成したころには航続距離の問題は以前ほど切実ではなかったが、ガダルカナルの攻撃や補給に向かう艦船上空の直衛にはこれが大いに役立った。

坂井一飛曹、不屈の生還

片道が五六〇カイリ、キロに直すと往復二一〇〇キロ。しかも行った先で激しい空戦を余儀なくされるラバウルからの戦闘機によるガダルカナル進攻は、ゼロ戦の性能の限界に挑むものだったが、そのもっとも端的な例が、敵のガダルカナル上陸の初日に起きた台南航空隊坂井三郎一飛曹の奇跡ともいえる生還劇であった。

坂井はこの頃、日中戦争以来のたび重なる空戦で撃墜数は五〇機を超え、撃墜競争のトップを走っていた。

この日、坂井たちの台南空ゼロ戦隊は、笹井醇一中尉指揮のもとに一七機で一式陸攻二七機を援護してガダルカナルの敵上陸船団を攻撃した。爆撃は無事終えたが、その帰路に待ち構えていた敵戦闘機群との間で空戦が起きた。

この空戦でゼロ戦隊は敵七七機と交戦し、三六機を撃墜したが、中でも西沢広義一飛曹の活躍は目ざましく、グラマンF4F「ワイルドキャット」戦闘機六機を撃墜した。坂井も「ワイルドキャット」戦闘機とダグラスSBD「ドーントレス」急降下爆撃機の二機を撃墜したが、そのあと不覚にも八機のSBD編隊を戦闘機と見誤って攻撃し、集中射撃を受けて被弾した。

頭や目や手足に負傷して意識を失ったが、乗機が墜落する途中で意識を回復し、それから生還への坂井の苦闘が開始された。

最初、坂井は重傷の身で一〇〇〇キロを飛んでラバウルの基地まで帰るのは難しいと考え、敵船団上空まで戻って自爆することを決意したが、思い直しては引き返すのを五、六回くり返したのち、次第に冷静さを取り戻した意識で、どうあっても帰ろうと決心した。

帰還への坂井の苦闘がはじまった。まず自分が今どの辺りにいるのか、失ってしまった機位の確認をしなければならないが、坂井が今いるのは果てしない海の上空で、唯一の目標といえば天空に輝く太陽だけだった。坂井は血のついた航空図をはっきり見えない目で睨みながら現在位置を推定し、太陽と自機の相対位置から帰るべきラバウルの方向に進路を定めた。

まだ視力が不足しているので、コンパスが読み取れない。

ところが、行けども行けども、漠々たる海ばかりで、何にも見えない。時計は見えないけれども、感じとして三〇分ばかり飛んでも何にも視野に入ってこない。これは自分の計算が間違ったかな、という不安がきざしかけてきた頃、またいつの間にか、お尻がつつーと持ち上がって、機が背面になりかかっている。はっと気がついて機をもどしたが、いつの間にか高度が下がっていて、機はスルスルスルと鏡の上でも滑っている感じだ。真下を白いものが矢のように流れるのを見てびっくりした。波だ。海面だ。

波頭スレスレに機が飛んでいる。一メートルまちがえば海面に激突する。ギョッとして機を引き起こし、いつの間にかしぼっていたエンジンをまた全開にしてから五〇〇メートルくらい、と思われる高度まで上昇させてなおも飛びつづける。

——エンジンは幸いにも快調である。そうしているうちに、はるか右の水平線上と思われる付近に、黒い大きな島のような形をしたものが目に入ってきた。しめた、島だ。助かった。これで今どの辺にいるか、正確な地点がつかめる。勇気百倍とは、本当にこのことだと自らを励ましながら、どんどんその島影に近寄っていった。ところが、なんとそれは島ではなく、断雲だったのである。

私は身体じゅうから力が抜けてゆくのを感じた。（坂井三郎『大空のサムライ』光人社）

こんな思いをしながら、なおも二時間ほど飛びつづけた坂井は、いっこうに現われない島影に不安を覚えてさらに機位を確かめようと思い、つばをつけてかろうじて見えるようにした左目を羅針儀（コンパス）に近づけて見たところ、ラバウルに帰るには真西に飛ばなければいけないのを、北に向かって飛んでいたことが分かった。そこで思い切って西の方向に九〇度の変針をしたが、これが坂井の運命を〝生〟の方向へと決定づけた。

方位が分かり、希望を持ち直した坂井は、襲いかかる睡魔と闘いながらなおも飛びつづけたが、一難去ってまた一難、今度は燃料の欠乏が大きな不安の種になってきた。

――考えてみると、増槽（落下タンク）は空戦前に落としているし、メインタンクは全部つかいはたし、のこっているのは九〇リッターの胴体タンクだけだ。これを使いおわるまでに、どこでもいいから味方の島にたどり着かなければならない。これから果たしてどのくらいの時間飛べるだろうか、と私は考えた。

私は、太平洋戦争に入る前の訓練で、増槽をつけたままの飛行で一時間に六七リッターという最低の消費量を出した自信がある。今機銃弾をうちつくし、増槽は落とし、メインタンクも空っぽになったこの軽い状態で、九〇リッターあるということは、うまくやれば一時間四、五〇分は飛べる。そう考えた私は、思い切ってプロペラピッチ把柄（レバー）を操作して、エンジンの回転を一七〇〇回転ぐらいに落とし、AMC（オートマチック・ミックスチャー・コントロール、自動混合気調整装置）把柄《レバー》を倒してエンジン不調の寸前、つまりこれ以上燃料濃度を薄くすることができないところまでもっていった。そしていま九〇度変針した針路を、コンパスとにらみあわせながら飛びつづけていた。（坂井三郎、同前）

つまり燃料節約のためエンスト寸前まで混合気を薄くしたのであるが、こうした困難な飛行の末、ついに坂井はラバウルにたどり着き、最後の力を振り絞って飛行場に無事着陸した。そして気丈にも負傷した身で飛行長に報告をすませた後、軍医長の応急処置を受けた。

そのあと、頭から顔いちめん包帯でつつまれて宿舎へかつぎこまれて寝かされた坂井は、長かった一日のことを考えているうちに、いつしか深い眠りに落ちた。

坂井がガダルカナルで撃たれたのが一二時半頃、そしてラバウルに帰りついたのが午後の五時頃だったから、帰路ざっと四時間半の苦闘で、出発から帰りつくまで、空戦時間を入れてじつに八時間半におよんだ飛行は、ゼロ戦と、練達の士坂井のコンビがもたらした偉業であった。

三二型ガダルカナルに出動

プロ野球などでルーキーを初出場させるときは、監督以下たいへん神経をつかうものらしいが、飛行機乗り、わけても戦闘機パイロットの場合はとくに、初陣《ういじん》に気をつけてやらなければならない。野球なら最初に失敗しても次ということがあるが、空中戦での失敗には次がない。よしんば撃墜されなかったとしても、はじめに恐怖心を抱いたら負け犬と同じで、絶対に強い戦闘機乗りにはなれないという。

ガダルカナルで敵と正面切って渡り合っていた第六航空隊（六空）には小福田祖《みつぐ》、宮野善治郎といった名指揮官がいたが、かれらがもっとも気をつかったのもこの点で、とにかく落とされないようにして実戦の場数をふませ、雰囲気になれさせることに腐心した。そして部下に自分が撃墜して見せ、少しずつ攻撃の要領を教えて行くのだ。だから戦闘機乗りの場合は、単に階級が上だというだけでは指揮官はつとまらない。一人の戦闘機パイロットとして、操縦も射撃もうまくなければならないのだ。この点、小福田、宮野ともにうってつけの隊長であった。

十月十九日、大原亮治二飛曹は、はじめてガダルカナル航空撃滅戦に出動することになった。かれは宮野大尉に目をかけられ、木更津にいたころから「お前はオレの三番機だ」といわれて悦に入っていた。出発前、宮野はとくに入念な注意を大原にあたえた。

「今日はガダルカナルの敵戦闘機を叩くのが目的だから、敵が上がってくるまで、敵地上空にとどまる。たぶん会敵するだろう。

いいか、絶対に編隊から離れるなよ。お前は敵を落とそうなどと思うな。敵に会ったら編隊を密集隊形にしろ。オレが宙返りしたらそのとおりやれ。オレが射撃したら、お前は照準器を使わなくてもいいから、撃て、すべて訓練と同じ要領だ。わかったな、しっかりやれよ」

そういって大原の顔をのぞき込むようにして肩を叩く、長身でたくましい風貌の宮野隊長が、いつもよりいっそう大きく頼もしげに見えた。この日の出撃は第一陣が宮野大尉指揮の九機、第二陣が川真田勝敏中尉指揮の同じく九機で、いずれも二〇ミリ機銃を従来の一号銃より銃身の長い二号銃に換装した。新鋭の二号ゼロ戦であった。

二号ゼロ戦は三二型（A6M3）ともよばれ、一号ゼロ戦（二一型、A6M2）よりエンジン出力を一八〇馬力向上させて一一三〇馬力（離昇）とし、翼幅を一メートル短くして一一メートル、最高速度は約六ノット増加して二九四ノット（約五四五キロ）になったが、航続距離は約二〇〇カイリ減の一〇三六カイリ（約一九二〇キロ）となっていた。

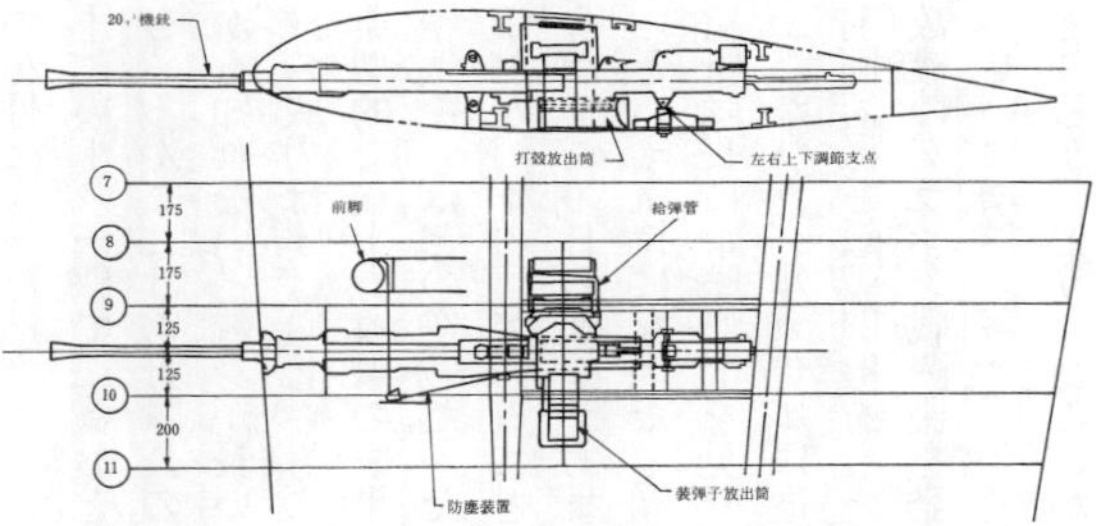

【図20】九九式20ミリ2号固定機銃（長銃身）装備図

攻撃隊は午前六時ブイン発進、二時間ちょっとの海上飛行でガダルカナル飛行場上空に侵入した。八〇〇〇メートルの高度でやや散開した編隊で旋回していると、前方の雲の隙間からおよそ七〇〇〜八〇〇〇メートル下方を、同航しながら上昇中のグラマンF4F「ワイルドキャット」戦闘機を発見した。願ってもないこちらに有利の体勢だ。

「しめた！」

大原がそう思うより早く宮野隊長が大きくバンク（左右に翼を振る合図）して攻撃を開始した。大原も負けじと、密集隊形ながら隊長機につづいて突っ込んだ。敵はまだ気づいていない様子。なおも接近、青いグラマンの主翼上面に画かれた白い星のマークがはっきり認められるまで近づいたころ、敵はゆるい左旋回に移った。この瞬間を待っていたかのように、隊長の二号銃が猛然と火を吹いた。

大原も隊長を見ながら発射レバーを思いきり握りしめた。すぐに隊長機は急上昇、大原もつづいて上昇に移りながらチラッと左下方を見やると、一機は火だるま、一機は黒煙を吐きながら落ちて行くのが目に入った。

「すごい！　一撃で二機おとしたぞ」

もちろんこれは宮野隊長の攻撃によるものだが、あるいは大原の撃った弾丸も当たっていたかも知れない。銃身が長いため、一号銃にくらべて初速がはやく、弾道の直進性がいい二号銃の威力はすばらしいものだった。

典型的な後上方攻撃の成果で、敵は何が何だかわからないうちに落とされてしまったのだ。あっ気ないほどの空戦だったが、これが空戦の極意で、組んずほぐれつの巴戦は見た目には派手だが、下《げ》の下《げ》であることを、宮野隊長は実際にやって見せて大原に教えたのだった。ところが、この日の撃墜があまりにもあっさり成功したので、大原は自分でも早く撃墜してみたいという気持になった。

宮野隊長に撃墜場面を見せてもらって四日後の二十三日、今度は小福田隊長の三番機としてふたたびガダルカナルに進攻することになった大原は、いささか功にはやっていた。

前回同様、敵戦闘機をもとめてガダルカナル飛行場上空高度八〇〇〇メートルを旋回中、十数機のグラマン戦闘機を発見した。身軽になるため、各機は燃料を翼内タンクに切りかえ、いっせいに増槽（落下タンク）を投下した。

ところが、どうしたことか大原機の増槽が落ちない。投下ハンドルを何度も引いてみたが、ショックはあるが落ちた気配はない。落ちれば空気抵抗がへって、急に速度があがるからわかるのだが――。ままよと、ほぼ空《から》になった増槽をつけたまま空戦に入った。しばらくは忠実に小福田隊長機について一緒に行動したが、最初のときより慣れて来たせいか、手頃のところにフラフラ飛んでいるグラマンを発見した。

「よし、こいつはいただきだ」

功にはやる大原にとって、これは悪い誘惑だった。

「隊長の命令に反するかも知れないが、落とせば文句はないだろう」

甘く考えたのがいけなかった。ちょっと離れてそのグラマンを落とし、すぐ編隊にもどろうという大原の思惑《おもわく》はみごとに外れた。増槽をつけているため速力が出ない一機の〝離れマッコウ〟は、たちまち敵機群の集中攻撃を受ける羽目になった。これを見た味方ゼロ戦の何機かが救援に駆けつけ、もっともまずい混戦になってしまった。

夢中で空戦をやっているうち、大原はゼロ戦が一機、黒煙を吐いて落ちて行くのを見た。だれかやられたなあと感じたが、もちろん確認する余裕などない。ぐるぐる回っているうちに高度が下がり、空戦の渦がガダルカナル島から北方五〇キロのツラギ諸島上空に移ったころ、やっと一機撃墜した。

どのくらいの時間が経ったのか、もう何時間も空中戦をやっていた感じで、くたくたに疲れ果て、初撃墜の感激などなかった。われにかえって周囲を見まわすと、敵味方とも一機も見当たらない。不意に孤独感におそわれた大原は、急いで集合地点上空にもどった。

基地に帰った大原は、編隊から離れて単機攻撃に向かった行動について、小福田隊長からこっぴどく叱られた。

この日の被害は大きく、金光武久中尉、鈴木軍治一飛曹、大原と同期の福田博、高垣進平の四名が未帰還となり、大原にとってはいまわしい撃墜第一号の記録となった。

敵を落とすよりは自分が落とされないこと、それには勝手に編隊から離れないことなど、指揮官が部下のルーキーに対して常にいましめていたことであったが、同じ六空の中村佳雄二飛曹の場合もこの禁をおかして叱られている。

ずっとあとの船団上空哨戒のときのこと、小福田隊長、宮野大尉以下二二機で出動したが、エンジン不調になった中村二飛曹は、小隊長の尾関上飛曹に付き添われて先に帰ることになった。その途中でこちらに気づかずに飛んでいるグラマンの四機編隊を見つけ、小隊長機から離れて落としに行った。敵の後方五〇〇メートルくらいに高度をとって一撃をかけたら、まったくの不意撃ちとなって二機がいっしょに落ちた。もちろん中村の二機撃墜の戦果となったが、基地に帰ると尾関上飛曹がこわい顔をして言った。

「中村、お前は二機落としていい気分か知らんが、エンジン不調のときに無理するとはもってのほかだ。敵を落としたのはいいが、自分が海に落ちたらどうするんだ………。生きてさえいれば、敵はいつでも落とせる。いいか、今後二度とあんな真似は許さん」

部下の身を案ずる指揮官の愛情のこもった叱責だったが、こうした実戦の苦い経験を重ねながら生き残ることによって、若武者たちもしだいにたくましく成長して行くのであった。

第三章―ゼロ戦の死闘

けがの功名、杉田飛長のB17撃墜

昭和十七年十一月一日、ガダルカナル攻防戦の真っ只中で六空は二〇四空と改称されることになった。といっても名称が変わっただけだから、いぜんとしてこの方面の過重な任務に酷使されることに変わりはなかった。

二〇四空の定数は艦上戦闘機（ゼロ戦）六〇、陸上偵察機八となっていたが、実数はその半分程度に過ぎなかった。新しい機材はどんどん送られて来たが、消耗がそれを上まわり、どうしても定数にはほど遠い勢力となってしまうのだ。だが、数は少なくとも、若い搭乗員たちの急速な成長により、なお連合軍に対して空中における優位を維持することができた。

最前線基地であるブインには、毎日のようにきまった時間に敵機がやって来た。これを定期便とよんでいたが、迎撃のためガダルカナル攻撃とは別にゼロ戦三機が、いつでも飛び立てるように用意されていた。しかし、敵を発見して飛び立っても見失うことが多く、見失わない場合でも高度が高いので、上がって行くうちに逃げられてしまうのが常だった。敵もそれを知ってか、悠々と飛行場上空を旋回、十分に写真を撮って退散していた。

十二月一日、この日は宮野大尉の指揮でB17一撃必墜戦法の研究訓練を、二〇四空全員で実施することになった。

実施方法は四機を一チームとし、二機が仮想B17となり、これを他の二機が攻撃するというものだった。しかし、実物のB17があるわけではないから、ゼロ戦二機がちょうどB17の翼幅相当に横に並んで飛び、攻撃チームの二機が高度差五〇〇メートルくらいの前下方から、反航でB17の翼のつけねあたりの燃料タンクを的《まと》に攻撃、同時に操縦桿をいっぱいに前に押して、B17の胴体下をすり抜けて避退する方法をとった。

この訓練の目的は、B17の大きさに対する接近の感覚をつかむためであった。これまでの経験によると、わが海軍の大型機である一式や九六式陸上攻撃機は、ともに翼幅二五メートルで、これらを目標に訓練した場合と、翼幅三二メートルのB17とでは、照準器による接近感覚がだいぶちがう。

照準器で一式陸攻と同じ大きさにB17が見えた場合はかなり距離が遠いことになり、射撃をしても当たらないのだ。したがって、有効な射撃を実施するためには、B17の姿が照準器からはみ出すくらいまで接近しなければならなかった。

最初の二機の攻撃訓練が終わると、仮想B17と攻撃チームが交代してふたたび訓練を実施、第二回目のグループと代わった。二回目のグループは日高飛曹長指揮の四機で、さっそく仮想B17と攻撃チームに分かれて訓練開始、まず神田佐治飛長に元気者杉田庄一飛長が攻撃チームとなって反転した。仮想B17となって散開した二機のゼロ戦の前方にまわり込むべく旋回中、杉田飛長は大変なものを発見した。

「あっ、B17だ。あれはホンモノのB17だぞッ！」

躍る気持を押さえて神田機の前に出ると、バンクをもって敵発見を知らせ、二機で追撃を開始した。実戦は訓練に優先する。このあたりの行動の素早さは杉田の面目躍如といったところで、スロットル全開でたちまちB17に追いすがると、たった今やろうとしていた訓練の要領にしたがって前下方にまわり込んだ。これまではB17の大きさに戸惑って避退する位置が遠すぎ、効果的な被害をあたえることができずに逃がしていた。だが、今日はちがう。

突進、また突進、B17の姿がぐんぐん照準器に大きくひろがって来る。操縦桿を前に倒したくなるのをがまんしてなおも接近。

「今だっ！」

B17の翼の付け根めがけて機銃を撃ち込む。とたんに巨大なB17が眼前に覆いかぶさって来るのを、操縦桿を前に倒して回避しようとした。

神田機、つづいて杉田機。ところが余りにも肉薄しすぎた杉田の回避操作が一瞬おくれ、杉田機の垂直尾翼とB17の翼端が接触した。

ガーンと大きなショックを受けた杉田機は、それでも何事もなかったかのように、B17の下をすり抜けて降下して行った。B17はと見れば、翼端が吹っ飛んでバランスを失い、ゆっくりと弧を描きながら落ちて行くではないか。

この間、仮想B17として攻撃チームがやって来るのを待っていた日高飛曹長は、何度も訓

ボーイングB17フライング・フォートレス爆撃機

練空域を反転したが、いっこうに相手が現われないので、仕方なく基地に戻った。

「あの野郎、いくら訓練とはいえ敵機（仮想）を見失うとはけしからん」

神田編隊がほんものの敵機とやり合ったことを知らない日高は、カンカンだった。

やがて神田と杉田の二機が帰って来たが、神田飛長は着陸すると大きく手をあげ、「一機やったぞ」と怒鳴った。だが、杉田機は依然として飛んでいる。垂直尾翼をやられたため、旋回が思うようにできないのだが、地上ではそんなことは知らないから心配しだした。

「おかしい、何かあったな」

果たして、エルロンを使って垂直旋回で方向を変えて着陸した杉田機の垂直尾翼先端と方向舵は、もののみごとにつぶれていた。

喜びをいっぱいに現わした神田にくらべ、殊勲の杉田はあまり元気がない。小福田隊長への報告も、何か申しわけないことをしたといった態《てい》で、顔を真っ赤にしていた。

かれは、自分ではB17を落としたことをうまくやったとは思わず、叱られるのではないかと思ったらしい。ふだんから空中接触や衝突を、固くいましめられていたからだ。杉田のしおらしい様子を見てとった小福田隊長はいった。

「杉田、接触や衝突がいかんというのは味方同士のことで、相手が敵なら話は別だ。落とし方はどうあろうと、敵をやっつければこっちの勝ちだ。まして相手が大敵のＢ17とあってはな。よくやったぞ」

ほめられた杉田は、ホッとしたように笑顔を見せた。童顔、元気者の杉田の勘違いに、基地は爆笑と陽気な興奮につつまれた。そしてこれ以降、Ｂ17に対して気分的に楽に立ち向かえるようになった。杉田のケガの功名といったところだが、あとで杉田のもとへ小福田隊長から一升びんが届けられた。

ブインではじめてＢ17を落とされた敵は、しばらくブインに来なくなったが、ムンダ基地の方にさかんに現われるようになったので、二〇四空への出動要請となった。

十二月十六日、月はじめに少佐に進級した小福田隊長指揮のゼロ戦六機は、上空哨戒中にＢ17五機に遭遇、かねての訓練どおり前下方攻撃によってその二機を撃墜した。斜銃を装備した双発夜間戦闘機「月光」が、ラバウルに進出したのは、これより半年後のことである。こうして二〇四空戦闘機隊は、Ｂ17に対する攻撃に自信を抱くようになった。

なお、二〇四空で最初にＢ17を撃墜した杉田庄一飛長はその後、持ち前の闘魂によってめきめき腕をあげたが、昭和十八年四月十八日、ラバウルからブインに向かう連合艦隊司令長官山本五十六大将の乗る一式陸上攻撃機を護衛した六機のゼロ戦隊に加わり、長官機が撃墜されてから、その空戦ぶりは一段と凄さを増したという。

長官の弔い合戦を念じてつねに死を覚悟していたらしく、まるで衝突せんばかりに突進する杉田の闘魂に敵機は圧倒され、生への強い執着を抱きながらかえって死に追いやられた。

その後も激戦地を転戦しながらも死神は杉田を避け、やがて昭和二十年になると新鋭戦闘機「紫電改」で編成された三四三空に転じ、敵小型機だけでなくB17よりさらに大型のB29をも撃墜した。三四三空で「紫電改」を駆っての杉田の活躍も目ざましいもので、この本がゼロ戦に関する戦闘だけを取り上げているので紹介できないのが残念なくらいだ。

昭和二十年春、坂井三郎少尉とともに多数機撃墜者として表彰されたが、それから間もなく敵機の空襲下に離陸を強行して上から撃たれ、わずか二一年の短い生涯を終えた。戦死と同時にその武功に対し全軍布告、二階級特進の栄誉をうけた。個人撃墜七〇機、協同撃墜四〇機と、かれにあたえられた感状には記《しる》されている。

ソロモンの主役、ゼロ戦隊

ゼロ戦はたしかにすばらしい戦闘機だった。

開戦以来、広大な海陸の戦場を縦横に飛びまわり、現われたすべての敵を撃墜した。「ゼロ」の名は敵に神秘的な恐怖すらあたえ、ゼロ戦の姿を見ただけで遁走する敵機もあったほどだった。しかも長大な航続力は、ラバウルから五六〇カイリも離れたガダルカナル島に進撃し、上空を一時間も制圧することができた。ラバウルよりずっとガダルカナルに近いブカやブインの基地ならその時間はさらに長かった。だから昭和十七年十月から十一月にかけてのガダルカナルに対するわが総攻撃でも、ゼロ戦隊が上空にいる限り制空権はわが手にあった。

ところが、ゼロ戦によるこの優位も、ガダルカナルをはじめとする敵飛行場群の整備と航空勢力の増強、ようやくその底力を見せはじめたアメリカの巨大な生産力がくり出す、新鋭海上兵力による圧力に対しては、現状維持が精一杯で、積極的な攻勢など思いもよらなかった。

そこで新しい陸海軍中央協定にもとづき、山本連合艦隊司令長官は麾下の精鋭航空戦力をラバウルに集中して一大航空撃滅戦を展開しようと、三月二十五日、「い号作戦」の実施を決めた。

この作戦計画にもとづいて四月三日、第三艦隊の航空母艦「翔鶴」「瑞鶴」「隼鷹」「飛鷹」「瑞鳳」搭載の艦上戦闘機および艦上爆撃機約一六〇機がラバウルに進出、ラバウル基地にいた艦上戦闘機、艦上爆撃機、および陸上攻撃機約一九〇機を合わせると全部で三五〇機という大兵力となり、ラバウル飛行場群およびブカ、ブイン、バラレなどの各基地に展開した。

この日の朝、山本長官は幕僚とともに飛行艇二機に分乗し、前線視察のためトラック島からラバウルに飛来、長官旗を南東方面艦隊司令部に移した。さっそく搭乗員たちに長官がじきじきに訓示されることになり、二〇四空の隊員たちも宮野隊長の指示で指揮所前に集まっ

ラバウル東飛行場の滑走路上を牽引される零戦21型

た。

ほどなく先導車につづいて将旗をかかげた乗用車が見え、全員緊張のうちに真っ白な第二種軍装の長官が、軍刀を片手に気軽に降りてきた。一同「気を付け」の姿勢で迎える中を、指揮所の壇上に立った山本長官は、まず「ご苦労」と言ったあと、搭乗員たちをひとわたり見渡してからおもむろに、

「今、われわれはもっとも苦しい戦いをつづけている。だが、こちらが苦しいときは敵も苦しいはずである。貴重な母艦の航空勢力をラバウルに進出させたのも、この苦しさを乗り越えて血路を切り開かんがためである。諸子に期待するものすこぶる大である。健闘を祈る」

といった趣旨の、簡単ではあるが力強い訓示をした。

もともと山本長官自身は、この前線視察にはあまり乗り気ではなかったといわれるが、現地部隊の士気は大いにあがった。

「い号作戦」は前半がソロモン方面、後半がニューギニア方面と分かれていたが、四月七日、ルッセル島およびガダルカナル島に対する攻撃、X作戦によって幕をあけた。

ガダルカナル島ツラギ沖に敵重巡洋艦五隻、駆逐艦十数隻、輸送船十数隻集結の報により、急降下爆撃機八〇機、戦闘機一七〇機の大群をもって一挙に撃滅しようというものだ。その前日、空母「瑞鶴」、第二航空戦隊、ラバウル基地部隊合わせて一二〇機のゼロ戦隊は、ブイン進出のためラバウル飛行場を発進した。

一機また一機と飛び立って行くゼロ戦に、滑走路の両側いっぱいに並んだ基地員たちが声を限りに声援を送り、指揮所前では白ずくめの正装がひときわ目立つ山本長官が手を振って見送った。

この光景に見送られる搭乗員たちも胸がいっぱいになり、思いきりエンジンをふかして滑走しながら、長官や基地の隊員たちに「がんばってきます」と誓うのだった。

基地上空で集合したゼロ戦の大編隊は、大空を圧する爆音の余韻を残して一路ブインに向けて遠ざかって行ったが、それがかれらと山本長官との最後の別れとなった。

明けて四月七日、ラバウルの搭乗員たちは午前三時に起きた。新しい下着と純白のマフラーをつけ、南国とはいえひんやりした早朝の空気の中を、トラックで飛行場に向かった。

二〇四空は宮野隊長以下二七機、生還を期さない決死の覚悟で総員落下傘バンドをつけず、基地員たちの歓呼の中を、早くもやってきたスコールをついて離陸した。ときに午前六時。

「はるか下方の雨にけむる基地を見おろせば、胸中に熱いものがこみあげてくるのを禁じ得なかった」

と、あるパイロットたちは、その日の感激を日記にかいている。

戦闘機隊より先に離陸した艦爆隊八〇機はいったんブインに着陸、戦闘機隊もブカに着陸して燃料を補給した。何しろガダルカナルまでの道のりは遠く、しかも行く手には激しい空戦が予想されるので、少しでも燃料の余裕が必要なのだ。

ブカに降りた二〇四空戦闘機隊は、ここで二五三空と合流して制空隊の陣容をととのえた。指揮官より作戦についての説明を受け、一〇時少し前、制空隊五二機のゼロ戦が発進、長駆ガダルカナルを目指して片道五〇〇カイリの壮図についた。途中、ブイン上空でブイン、バラレ両飛行場から離陸した友軍機と合流、二五〇機におよぶ大編隊にふくれ上がった。

高度五〇〇〇メートル、艦爆隊とそのやや上空をいたわるように戦闘機隊が飛びつづけること約一時間半、チョイセル島を過ぎるあたりからさらに高度を上げ、見張りを厳重にした。このあたりからそろそろ敵の勢力圏に入るのだ。

一二時半、ガダルカナル島の手前にあるルッセル島上空に達した。ここは敵の要塞上空のため対空砲火の弾幕が編隊の前後左右をつつみ、被弾して落ちて行く味方機がでた。少数の敵機も見られたが相手にせず、一〇数分ののちガダルカナル島が視界に入ってきた。

島の西北端エスペランス岬の直前で編隊は大きく左に変針、高度を徐々に下げながらいよいよ敵の一大航空要塞のあるツラギ、ルンガ地区に接近し、先行する制空隊は早くも敵戦闘機との空戦に入った。この間を縫って爆撃隊形に開いた艦爆隊は、ツラギ港内の敵艦船を目がけてつぎつぎに急降下を開始した。

やがて戦場の犠牲者が出はじめ、火炎や黒煙につつまれて一機また一機と海面さして落ちて行き、丸い波紋の数がしだいにふえていった。

このころより次第に雲がひろがりはじめ、味方の爆撃の効果を見ることができなくなり、戦闘も中隊単位のバラバラなものになった。

宮野大尉指揮の二〇四空制空隊も約三〇機の敵戦闘機隊を発見、うち一〇機と交戦して五機を撃墜した。その後も敵基地上空を制圧中、初陣のパイロットが操縦する一機が被弾して火につつまれ、ついに敵中に自爆して戦死した。他隊ではもっと多数の敵とぶつかって戦果も大きかった代わりに、より多くの犠牲者を出したところもあった。

なお、この日の攻撃の成果は、艦爆隊が重巡一隻撃沈、駆逐艦三隻撃沈、輸送船一一隻撃沈のほか、戦闘機隊が撃墜三一機というみごとなものだった。

それから四日後の四月十一日はニューギニアのポートモレスビー攻撃、さらに翌十二日も一式陸攻四四機をゼロ戦一三〇機で護衛して同じくポートモレスビー攻撃に向かい、戦闘機隊が二八機撃墜、陸攻隊も敵艦船に大きな損害をあたえた。

そして四月十四日、ラビ攻撃（ミルネ湾大爆撃）は「い号作戦」最終日とあって、戦闘機一四九機、艦爆八〇機、陸攻三七機というこれまでの最大規模となった。

山本長官はこの日は陸攻隊の基地であるブナカナウ飛行場で、七五一、七〇五空の出撃を見送り、その状況を撮ったニュース・フィルムは長官の戦争における最初にして最後の姿となった。

攻撃隊は激しい対空砲火と敵戦闘機の妨害を排して敵船団上空に達し、輸送船一〇隻を撃沈破し、敵戦闘機四四機撃墜という戦果をあげたが、わが方も自爆一〇機を出した。

四月七日、十一日、十二日、十四日の四日間にわたって行なわれた「い号作戦」は、艦船二一隻撃沈、飛行機一三四機撃墜、地上施設に多大の損害をあたえ、わが方の損害六一機という結果をもって終わり、四月十六日には空母部隊もトラック島に引き揚げた。なお、この間の二〇四空ゼロ戦隊の総合戦果は、不確実五機を含む二〇機撃墜であった。

しかし、連合軍側の報告によれば、これらの一連の攻撃で受けた損害は、わずかばかりの船舶と少数の航空機にとどまったことになっており、もしそれが事実なら、山本長官は誇大な戦果報告によって誤った判断をしたことになるが、今となってはたしかめるすべもない。

最高指揮官が敵の本拠に近づくことは好ましいことではないという理由で、ラバウル行きにはあまり乗り気ではなかったといわれる山本長官だったが、いざ前線に来て、長官の姿に士気とみにあがる将兵を見て心を動かされ、「い号作戦」が終わったら、ブイン、ショートランド方面へも視察激励に行くと言いだした。

これに対し、小沢第三艦隊司令長官や城島第一一航空戦隊司令官は、危険だからと中止を進言したが、山本は聞き入れなかったという。そこで四月十八日に長官がブイン、ショートランド方面を視察する旨の電報が、十三日夕刻、各基地あてに発せられた。

予定によると、「〇六〇〇中攻にてラバウル発、〇八〇〇バラレ着、駆潜艇で〇八四〇ショートランド着、〇九四五ショートランド発、一〇三〇バラレ着、一一〇〇中攻でバラレ発、一一二〇ブイン着、一四〇〇中攻にてブイン発、一五四〇ラバウル着」となっていた。

当日の長官機の護衛について、その大役を仰せつかった二〇四空司令杉本丑衛大佐は、はじめ二〇機のゼロ戦を直掩につけることを進言した。海軍最高の指揮官であり、かつ日本の興亡をになう第一人者といっても過言ではない山本長官の掩護とあれば、もっと多数の戦闘機をつけたかった。

しかし、当時二〇四空にあった六〇機近いゼロ戦のうち、使用に耐えるのは二〇数機に過ぎず、しかも病気、負傷、疲労などで、まともに飛べる搭乗員はわずか三五、六名しかいなかった。

これより数日前、ラバウル空襲にやって来たアメリカの爆撃機と、迎撃にあがったわがゼロ戦隊の一機とが空中衝突し、落下傘降下した敵のパイロット一名を捕虜にしたことがあった。そのパイロットの言によると、

「前日、オーストラリアのシドニーからガダルカナル飛行場に送り出されて来たばかりだ。われわれは一週間交代で前線勤務につく。一週間が終わるとシドニーにもどり、十分な休暇がもらえる」

ということだった。

これを聞いた二〇四空隊員たちは、かれらに軽い羨望をおぼえ、

「われわれだったら連日、それこそ死ぬ瞬間まで休みなしにこき使われるのに」

と、心の中でつぶやかずにはいられなかった。

さらにそのパイロットは、

「前線にある米軍の飛行機は、すべて完全に整備されており、一機残らず使用に耐えるものである」

とも語ったが、絶対数が少ない上に、可動率が一〇〇パーセント対五〇パーセント以下では、戦力の差はひろがる一方だ。

ガダルカナル戦のはじめのころは、連合軍側もこうではなかったらしい。激戦と消耗の連続にパイロットたちは疲労し、士気の低下がいちじるしかった。これを見て交代制を取り入れたのは、アメリカ海軍のスプルーアンス提督だった。

いつ終わるとも知れない泥沼の戦いと、一週間で交代のあてのある場合とでは、気持の上に大きな開きが出てくる。しかも体力の消耗の激しい空中戦闘では、休養十分の方が絶対有利だ。

みじめなわが航空部隊の実状を知っていた山本長官は、杉本司令の申し出に対し、「二〇機もいらない、六機でよろしい。自分の護衛のために、大切な飛行機をそのように多数飛ばせる必要はない」と、その進言をしりぞけたという。

杉本司令としては、長官の言葉にそむいてまでして、多くの戦闘機を護衛につけることはできなかった。すでに暗号は解読されて長官の行動は敵側に筒抜け、しかも護衛戦闘機はわずか六機となってしまった。

運命の歯車は、こうして悪い方へ悪い方へとまわりはじめたのだ。

むなしき護衛戦闘機隊

ミッドウェー海戦の少し前から暗号が解読されていたことを、日本側は気づかなかった。もちろん無線通信だから当然、敵側に傍受されていることは承知していたものの、暗号の「乱数表」が敵の手に渡っていたかどうかについては、ほとんど神経を使っていなかった。

山本長官前線巡視予定の電報は、日本の前線各基地と同様に、アリューシャン列島アナラスカ島とダッチハーバーにあるアメリカ海軍無線傍受所のキャッチするところとなった。

この通信内容は、ダッチハーバーからすぐ真珠湾へ送られ、しかも関係機関の判断よろしく、極秘の重要事項としてワシントンの海軍省に送られ、海軍情報部次長ザカリアス大佐からフランク・ノックス海軍長官に報告された。

「リメンバー・パールハーバー（真珠湾を忘れるな）」の合言葉に代表されるように、真珠湾に対する奇襲攻撃はアメリカ人に猛烈な報復の念を燃えあがらせたが、わけても天皇、東條とともに〝だまし討ち〟の元兇として真珠湾攻撃を立案、実施させた連合艦隊司令長官アドミラル・ヤマモトに対する憎悪はすさまじいものがあった。だから「もし山本を殺すことができたら」は、アメリカ作戦首脳部の間でひそかな願望になっていた。

ノックス海軍長官が傍受電の内容を知った前日の四月十四日午後、アメリカ太平洋艦隊司令長官チェスター・ニミッツ提督は、部下の情報参謀レイトン中佐からこのことを聞かされ、かつ山本長官を討ちとる絶好のチャンスであるとの進言をうけていた。ニミッツはレイトンの考えを受け入れ、さっそく南太平洋方面艦隊指揮官であるビル・ハルゼー提督に対して、「山本機を撃墜する準備をすすめよ」と命令を伝達した。

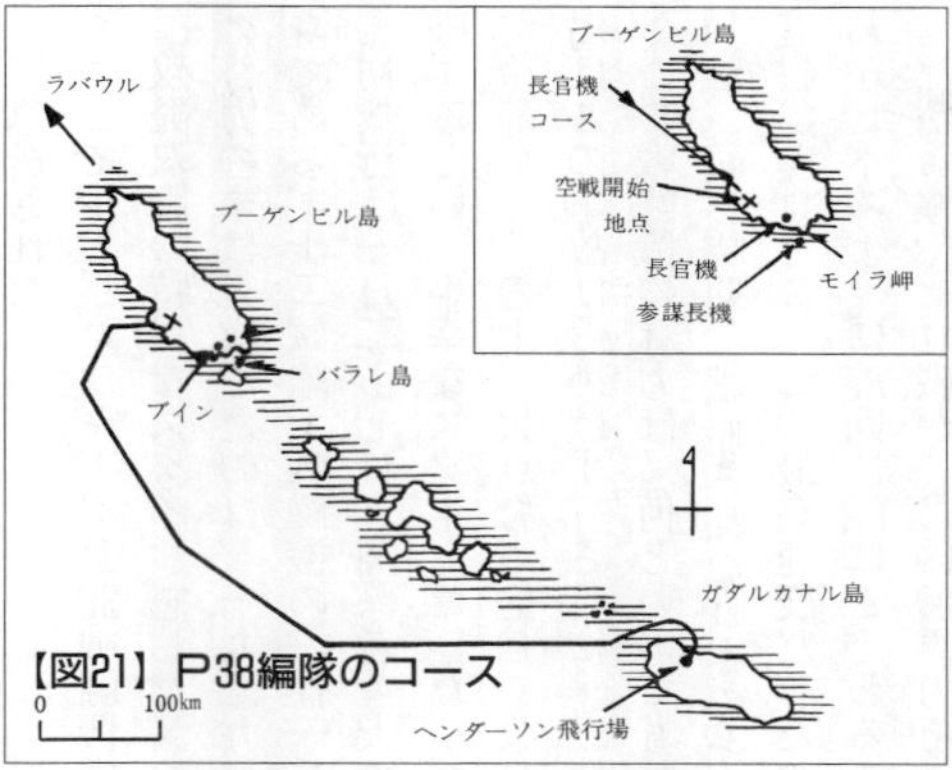

【図21】 P38編隊のコース

そして、直接作戦担当には陸軍第三三九戦闘機大隊のジョン・ミッチェル少佐が任命された。ミッチェル少佐は山本長官機を待ち伏せして空中で討ち取る計画を立てた。かれの計画によると、この作戦の漏洩《ろうえい》を防ぎ、奇襲を成功させるために、ブーゲンビル島とガダルカナル島の間に転在する島々の、日本軍対空監視所やレーダー基地を避けて迂回コースをとることになったが、このためまっすぐ飛べば三二〇マイル（五一〇キロ）の距離が、約四三五マイル（七〇〇キロ）にのびてしまった。

飛行距離の延長にともない、各機に三一〇ガロン（一二〇〇リッター）と一六五ガロン（六五〇リッター）入りの補助タンクを装着することになり、ポートモレスビーから第五空軍所属のB24爆撃機によって急送された。

ここで少し、ロッキードP38戦闘機について触れておこう。

双発双胴の特異なスタイルをしたXP38、社内番号モデル22が、ロッキード全社をあげての努力の末に完成したのは、一九三九年（昭和十四年）はじめで、ちょうどわがゼロ戦の前身である、十二試艦上戦闘機の試作一号機完成の三ヵ月ほど前であった。

初飛行は一月二十七日、関係者多大の期待のうちに行なわれたが、二週間後には不時着大破するという不幸なスタートだった。だが、アメリカ人たちは技術の判断に対してはきわめて冷静で、その上、欠点を辛抱強く改良して行くしぶとさを持ち合わせていたから、陸軍当局はこの事故にもめげず、さらに一三機をYP38として発注した。

この戦闘機の魅力は、何といっても強力な二基のアリソン液冷エンジンによる高速性であった。同じ時期に試作された日本のキ43（のちの陸軍「隼」戦闘機）や十二試艦戦がやっと五〇〇キロそこそこの最高速度だったのに対し、XP38は六〇〇キロに達した。かれらは、わが日本のように旋回性能にこだわることなく、ひたすら速度を求めたのであった。

だから隼やゼロ戦が一〇〇〇馬力そこそこのエンジンをつんだのに対し、P38は双発にすることにより二〇〇〇馬力級の強力な戦闘機となった。

YP38は、原型のXP38にくらべて多くの改良が行なわれた。エンジンも性能が改善されたばかりでなく、強力なトルクを打ち消すため、プロペラの回転を左右正反対とし、最高速度は六五〇キロとなった。

最初の量産型が陸軍に引き渡されたのは、太平洋戦争のはじまる少し前であったが、当時すでに激戦たけなわだったヨーロッパ戦線の戦訓を取り入れ、自動的に破孔のふさがる防弾タンクや乗員保護の防弾鋼板の採用、急降下性能の改良などが行なわれていた。

Ｐ38がはじめて実戦に姿をあらわしたのは、一九四二年十一月の北アフリカ戦線で、相手はフォッケウルフＦｗ１９０や、メッサーシュミットＭｅ１０９だったが、戦闘高度が四〇〇〇～五〇〇〇メートルと比較的低かったところから、得意の高空性能を発揮することができなかった。

太平洋戦線へのデビューもほぼ同じ時期と見られ、二〇四空戦闘詳報によると、昭和十七年（一九四二年）十一月十八日、ショートランドに空襲にやって来たボーイングＢ17爆撃機一一機および、ロッキード双発戦闘機七機の記録がある。

このＰ38はＪ型とよばれ、はじめのうちはヨーロッパ戦線と同様、中低高度戦で隼やゼロ戦の得意とする旋回戦に巻き込まれて苦杯を喫したが、のちに戦法を変えて、時速九〇〇キロにおよぶ急降下性能を利しての一撃離脱と、排気タービンによる高空性能を武器として、日本側をくやしがらせることになった。とくに機首に配した二〇ミリ機銃一と初速がはやく弾道の直進性のよい一二・七ミリ機銃四の組み合わせは、防弾装置の貧弱な日本のゼロ戦や一式陸攻に火をつけるのに、絶大な偉力を発揮した。

山本長官機襲撃の機数は予備機二機を含めて全部で一八機。ミッチェルはこれを四機ずつの四個編隊に分け、そのうち最新鋭のパイロットたちで固めた四機を、攻撃編隊と決めた。第三三九大隊だけではP38に経験のあるパイロットが足りないので第一二および第七〇大隊からも補強した。

四月十八日は日曜日だった。期せずしてラバウルとガダルカナルのヘンダーソン飛行場では、日米双方の飛行機が同じ地点を目ざして飛行準備を進めていた。

さわやかな南の朝、ヘンダーソン飛行場には、すでに整備員たちによって試運転の終わった一八機のP38が、ズラリと列線に並んでいた。ミッチェル少佐は隊員たちを集め、最後の命令と訓示をあたえたのち機上の人となった。

この間、いつもの出撃と思ってか、整備員の間には少しの緊張も、何らの変化も見られなかった。ごく一部の関係者と攻撃に参加するパイロット以外には、誰も今日の作戦の目的を知らされていなかったからだ。

ただ、ふだんと違っていたのは、滑走路のすぐわきに停まったジープの中で、基地の最高指揮官であるミッチェル提督（攻撃隊長のミッチェル少佐とは別人）が見送りに来ていたことだった。

午前七時二五分（時差の関係で日本時間だと五時二五分）、ミッチェル少佐機を先頭に、双胴のP38はつぎつぎに離陸したが、このとき早くも不吉な事故が起こった。ジェイムス・マックラナハン中尉機のタイヤが離陸滑走中にパンクし、滑走路外に飛び出してしまったのだ。

それだけではない。残り一七機が空中で編隊を組み終わったとき、今度はジョセフ・ムーア中尉の補助（落下）タンクからの燃料系統が不調となり、修理不能と判断したムーア中尉は、基地に引き返してしまった。脱落した両機はいずれも、トーマス・ランフィア大尉の攻撃編隊四機の三番機と四番機で、とくにミッチェル隊長から選ばれた精鋭たちであった。

無線封止で機上電話が使えないので、ミッチェルは手信号によって、ホルムズおよびハイン両中尉をランフィア編隊に合流させた。

こうして一六機に減ったP38戦闘機隊は、ブーゲンビル島までの二時間の全航程のうちの、第一コースへと機首を向け、上昇して行った。

ヘンダーソン基地と約一〇〇〇キロ離れた日本軍のラバウル基地でも、出発前のあわただしいひと時が流れ、指揮官森崎武中尉ら六名の長官機直掩隊員たちは、宮野飛行隊長から出発前の簡単な注意を受けたのち、「カカレ」の合図で愛機に向かった。かれらの表情には、少しもふだんと変わったところは見られなかった。

飛行場には、早朝、山の上のブナカナウ飛行場から飛んで来た七〇五空の陸攻二機が、山本長官一行の搭乗を待って翼を休めていた。

やがて車を連ねて長官一行が到着、二手に分かれて二機の陸攻に乗り込んだ。主操縦員小谷立飛曹長、副操縦員大崎明春飛長の一番機に山本長官、航空甲参謀樋端中佐、軍医長の高田少将、副官の福崎中佐が乗り、主操縦員林浩一飛曹、副操縦員藤本文勝飛長の二番機には参謀長宇垣少将、主計長北村少将ら五名となっていた。

午前六時、先に直掩のゼロ戦六機が、つづいて陸攻二機の順にラバウル東飛行場を離陸した。高度一五〇〇メートルを飛ぶ二機の一式陸攻の左および後ろ上方やや高く、これを包みこむように三機ずつのゼロ戦が掩護隊形でつづいた。

同行した宇垣参謀長の日誌には、山本長官の最後の旅となったこの日の模様が、次のように述べられている。

「一番機を先頭に離陸、湾の突端にある火山（注、花吹山のこと）を過ぎるころ編隊を組み、機首を南東のコースに向けた。少量の雲が散在するも、視界絶好。飛行条件良好。（中略）

陸攻二機はたがいに翼が触れんばかりに近接編隊飛行、わが乗機は一番機の左斜め後方に位置す。高度約五〇〇〇フィート。わが乗機からは一番機の操縦席にある山本長官と同乗幕僚たちの動きが明瞭に観察された」

宇垣参謀長が日誌に書いているように、この日はとくに視界がよく、気持のよい飛行だった。しかも、ここは何度も通いなれた〝ブイン街道〟であり、気流も静かでコンパスもぴたりと規定の緯度を指したまま動かず、攻撃任務のない気楽な気持でコバルトブルーの南海上空を飛ぶ快適さは、「パイロットになって良かった」としみじみ思わせるほどだった。しばらくするとブーゲンビル島の北端にさしかかり、左下にブカ飛行場が見えて来た。

かつて二〇四空隊員たちは、このブカにいたことがあり、きれいな基地としての思い出があった飛行場のそばの高台の一角には、赤い瓦のキリスト教会の建物があった。教会と病院は絶対に攻撃してはならない、と予科練時代にきびしく教えられたこともあって、この赤い瓦はすぐ目に入った。

長官機直掩六機の編成はこうだった。

指揮官　第一小隊長　森崎武中尉
　　　　二番機　辻野上豊光一飛曹
　　　　三番機　杉田庄一飛長
　　　第二小隊長　日高義已上飛曹
　　　　二番機　岡崎靖二飛曹
　　　　三番機　柳谷謙治飛長

第二小隊三番機の柳谷飛長はのどかな気分で、小隊長日高上飛曹機に、右翼が重なり合うほど近づいて見た。べつにふだんと変わったところはなかったが、少し強くしめすぎたらしい白い絹のマフラーを気にして、しきりに首を振っていた。二番機の岡崎二飛曹はと見れば、ヒゲっぽい顔で人なつっこい笑顔を見せた。

指揮官森崎中尉機は右やや前方にあり、その直下を長官らを乗せた一式陸攻二機が、ほぼ並列のかたちで、飛んで行く。濃いグリーン塗装の機体の両翼に画かれた白ふちの日の丸が、じつに鮮やかに目に映った。上空で見る飛行機は美しい。ときには敵機ですら「美しいな」と思うこともある、と語った元搭乗員もいるほどだ。

一方、アメリカ機の編隊も平穏な飛行をつづけた。ただかれらの場合は日本の直掩機編隊とちがって〝通いなれたブイン街道〟の飛行ではなく、レーダーによる探知をさけるため、ムンダ、レンドバ、ショートランドなどの日本軍占領地域を大きく迂回する海面すれすれの飛行で、前途にはあきらかに危険と困難が待ち構えていた。
ほとんど直線に近い日本側のコースにくらべ、かれらのはヘンダーソン飛行場から二六五度の方向に三〇〇キロ飛んだところで、二九〇度に第一の変針、一四〇キロ飛んだところで三〇五度に第二の変針、二〇〇キロ飛んでさらに二〇度に変針するという、ややこしいものだった。

第三の変針を終えたP38編隊は、いよいよ最終コースであるブインの会敵予定地点上空に向かった。隊長のミッチェル少佐（のち大佐に昇進した）は語る。

「われわれは迎撃地点まで何事もなく飛行した。レーダーを避けるため、全機高度五〇フィートを維持して飛びつづけた。わたしの場合、時計とコンパスだけが頼りだった。
われわれは二時間ほどで約四五〇マイル（約七二〇キロ）を陸地ひとつ見ずに飛んだのち、前夜計算した遭遇予定地点二、三マイル手前に達した。全員が目を鷹のようにして前方をさがし、一刻も早く敵機を発見しようとつとめた。
飛行計画では遭遇予定時間まであと一分となっていた。計算した山本長官機の飛行速度を頭に浮かべ、わたしは機を約三マイルほど陸地へ接近させた。そして予測どおり九時二五分ごろ海岸線が見えたとき、わたしの二番機についていたカニング中尉が『敵機発見、一一時方向上空』と叫んだ。（注、この場合の一一時とは方位を時計の文字盤になぞらえた呼び方で、北々西の方向にあたる）
カニング中尉の指示方向を見ると、まぎれもなく、高度四五〇〇フィートにあるのは敵の一式陸攻二機ではないか。陸攻のやや後方を見ると、その上空にゼロ戦が三機、さらにやや上方にもう三機が見えた。わたしは山本長官機に並進するよう機首を向け、補助タンクを落とした。そして中隊全機にも補助タンクを落とすよう命じたのち、敵陸攻と同高度へと上昇をはじめた。同高度に達したとき、わたしは攻撃編隊のランフィア大尉に攻撃開始を命じた」

まるで敵味方の遭遇があらかじめ打ち合わせてあったかのようだった。ときに午前九時三五分（日本時間で午前七時三五分）、ミッチェル少佐の計算どおり奇蹟が起こったのだ。

攻撃編隊は指揮官ランフィア大尉、僚機がバーバー中尉、その後ろに予備機からくり入れられたホルムズ、ハイン両中尉が従っていたが、ホルムズ中尉機の落下タンクが落ちないので、僚機のハイン中尉機とともに一時編隊から離れて行った。このため、攻撃編隊はランフィアおよびバーバーの二機で、八機の敵編隊の中に飛び込むことになった。

一方、日本側はどうか。

ともかく、平穏な飛行だった。あまり気持がいいので、陸攻の機内で宇垣参謀長は居眠りをしたほどで、やがて起こるべき悲劇など考えもつかないことだった。

スピードのおそい陸攻と一緒だから、戦闘機だけのときとちがってかなり時間がかかり、七時半を過ぎた頃、ようやくグリーンのジャングルのかなたに、ブインの飛行場が見えて来た。目ざす第一予定地のバラレ基地はその鼻先にある。

陸攻の機内では、機長から「バラレ到着〇七四五時」と書いた紙片がまわされ、あと目的地まで一五分であることを搭乗者たちが知らされたとき、にわかに異変が起こった。陸攻が突然、エンジンの回転を上げ、ジャングル目がけて突っ込みはじめたのだ。一番機、つづいて二番機、とっさには何のことかわからなかったが、すぐ敵襲であることをさとった。このとき、すでにランフィアおよびバーバーの二機は陸攻編隊の側方二〇〇〇メートルまで近づいていた。

日本の護衛編隊はどうしていたのだろうか。柳谷飛長は語る。

「視界もよいことだし、もうそろそろブイン飛行場もマッチ箱程度に見えてくるころだな、とジャングルの青さの中に、視線は前方にばかりそそがれていた。

と、指揮官の森崎中尉機が突然、七、八〇メートルほど突っ込んでいくのが目に映った。つづいてわたしの小隊の一番機日高上飛曹機も、急に増速して長官機の前方に向かって降下をはじめた。スーッと編隊から抜け出すように飛んで行くあわただしい一番機の動きに、二番機の位置にいたわたしは『何か変わったことが起きたな』と緊張して、周囲を見回した。するといた！前方、右下方約一五〇〇メートルの高度に、一群の飛行機が！しかもこちらを目指し、ぐんぐん近づいて来る。

『敵のP38だ！』

わたしは、とっさに長官機を見た。小隊長機は長官機の前にまわり、しきりにバンク（主翼を左右に振る合図）している。よもや、と思っていた敵機の来襲だ。

長官一行の乗る陸攻二機は急角度で機首を下げ、全速力でブイン基地に逃げ込みはじめた。わたしは気が気でなかった。いくら機首を下げ、スピードを上げたところで、図体の重い陸攻のことだ。戦闘機から見れば、牛の歩みのようなのろさなのである。

ロッキードP38ライトニング戦闘機

長官機目がけて敵の数機が右まわりで上昇してくるのを、そうはさせじとわたしは増槽を落として迎撃態勢に入った。

このときわたしの心には、これからP38と交戦するわが身の危険をかえりみる考えなどまったくなかった。わたしは長官機を守らなければならない、重い任務を負っているのだ。

何としても長官機を守らねば――長い間の、枠に入れられた精神訓練の結果だった。

操縦桿についている機銃の引き金に手をかけると、P38めがけて撃った。正確に照準するひまなどない。たとえそれが威嚇射撃だったとしても、何とか追い払いたい一念だった」

このあとの戦闘の模様を、アメリカ陸軍航空隊の公式記録から拾ってみよう。

「――敵編隊は明らかにわが方に気付かず、方向速度を変えずに飛行しているのに対し、ミッチェル指揮下の支援編隊はミッチェルを先頭に一五〇〇から一八〇〇フィートまで上昇し、その高度から空中戦を見守る態勢に入った。

ランフィアは攻撃編隊をひきいて敵機にやや接近し、敵の飛行コースに並行しながら上昇角度三五度、時速二〇〇マイル（二二〇〇フィート／分の上昇率）で急上昇した。敵陸攻と同高度に達してその距離約二マイルとなったとき、ランフィアおよびバーバーの両機は補助タンクを捨て、攻撃のため時速二八〇マイル（約四五〇キロ）で急旋回した。ホルムズ機は補助タンクの落下装置に不具合いを生じ、その落下までハイン機が付き添った。

一方、ランフィアおよびバーバーの両機が敵と一マイル以内に接近したとき、敵がその攻撃を察知。陸攻二機は機首をぐっと下げ、うち一機は海岸線に向けて脱出をはかった。護衛のゼロ戦は補助タンクを捨て、その中の三機はランフィア機を攻撃すべく一連の糸のように急降下して来た。

陸攻への接近不能と判断したランフィアはゼロ戦への攻撃に転じ、まず一機を撃破、残りの二機にすれちがいざま砲火をあびせた。このときまでにランフィアは高度六〇〇〇フィートに達したが、反転急降下に転じ、ジャングルをかすめて退避する敵機を追った。ランフィア機は陸攻の側面に迫り銃撃。敵機は片翼飛散し、炎上墜落。

ここで敵ゼロ戦は高度を利してランフィア機を追撃。目標の陸攻撃墜の任を果たしたランフィアは、ジャングルをかすめて必死の脱出をはかり、操縦桿をはげしく動かしながら追撃をかわし、水平尾翼に七・七ミリ銃弾二発をうけながらも、ついに敵機の振り切りに成功した。

バーバーはランフィアとともに初回攻撃を敢行、陸攻一機の攻撃に向かったが、攻撃位置としてはやや回り込みすぎた。そこで急遽反転、ゼロ戦の妨害をうけながらも陸攻を捕捉撃破した。バーバー機の発砲に陸攻は尾部を飛散し、半回転して背面姿勢のまま地上へ九〇度で突っ込む格好で墜落した。

この間に補助タンクの落下に成功したホルムズ機は、僚機のハインとともに、バーバー機を追撃中のゼロ戦に向かい敵味方入り乱れての猛烈な空中戦となった。一再ならず発砲交戦があったが、戦果は確認されなかった。

――このあとホルムズ、ハイン、バーバーの各機は帰路についたが、敵ゼロ戦はまだ追撃をやめず、バーバー機を後尾から攻撃して来た。ホルムズがこれを迎え撃ち、一機を炎上撃墜。なおも敵機は執拗に戦いを挑んで来たが、さらに一機をバーバーが熾烈な空戦の末に爆発させて終焉となった。この間に、ハイン機の左エンジンが発煙し、ショートランド島南方地域を、高度を失いながらの飛行を最後に視界から消えた――」

つづいて日本側の柳谷飛長の記述。

「低く飛んで来たP38は、われわれの下を潜って、つぎつぎと陸攻に斜め後方から殺到しようとする。直掩機は、それらのP38を先頭から各個に撃破しようと迎え撃った。それ以外に長官機を守る方法がないのだ。六機では、あまりにも少なすぎる。

P38はわき目もふらず直進し、陸攻の後方でグルリと向きを変えると、射撃を浴びせた。ゼロ戦は一機ずつそれに襲いかかり、一瞬はげしい攻防が展開された。

やっと一機を追い払い、機首を立て直すと、すぐ次のP38が長官機目がけて襲いかかる。そのため、ただ一機を追いかけているわけにはいかない。まして追撃戦をするには高度が低すぎる。思い切って急旋回上昇し、食い下がるP38に変則的な上昇射撃をするというあわただしさ。僚機がはるか後方で巴《ともえ》戦をしているのが、瞬間だが、わたしの目をよぎった。

——と、そのとき、ふと長官機の方を見たわたしは、ハッとした。すでに長官機は、片方のエンジンから黒煙を吐いているのだ。

わたしは機首を立て直してP38に襲いかかって行ったが、胸は暗く動揺した。

先頭のP38の群れを撃退している間に、そのP38の銃弾が長官機のエンジンに命中し、かれらはすでに目的の大半を果たしてしまったのだ。そのP38は、もう帰途についている。来たときと同じように、わき目もふらずに、もと来た道を引き返して行くのだ。

長官機は黒煙を吐いている。見ると、少し離れて、参謀長以下が乗っている二番機も火を吐いているではないか。

防御力が脆弱で〝ワンショット・ライター〟とよばれた一式陸攻

わたしは、呆然としてそれを見た。

あまりにも鮮やかな、Ｐ38の迎撃だった。

日本の連合艦隊の首脳部は、この一瞬に滅び去るかも知れない。今、自分が護衛して飛んで来たというのは、これは一体、夢なのだろうか。目の前が暗くなって行く感じだった。

長官機と幕僚機は、長い煙の尾を引きながら、ぐんぐん落ちて行き、Ｐ38は全速力で引き返して行く。ゼロ戦は誰もそれを追おうとはしない。追っても無駄なのだ。もう、護衛の任務は終わろうとしている。

それにしても、あまりにもあっけない空戦だった。わずか二分間の出来事である。Ｐ38のみごとな早わざだった。

皮肉にも直掩機六機は無事だった。それをたしかめるとわたしはおめおめと帰ることに、ある後ろめたさを感じた。そのとき、森崎中尉機が煙を吐く長官機に近づいて行った。

護衛の不備を詫びるつもりであったろうか。わたしもまた、長官機に近づいて行った。乗機の窓から山本長官の姿が見える。

長官は、草色の第三種軍装を着て副操縦席に端座している。純白の手袋をまとった手に軍刀をしっかりと握り、泰然自若たる風で瞑目しているようだ。日ごろ「常在戦場」をとなえておられた山本長官の、これはまことに武人らしき死の直前の一瞬か。いずれブイン基地には、無事に着陸できぬ機中の人なのだ。

そう思ったとき、わたしはハッとして身を引き締めた。

長官は、すでに絶命しているのではないか。墜落の前にみずから死を選んだか、あるいは敵の銃弾が命中しての戦死か？　いずれにせよ、身ゆるぎひとつしないあの姿は……。

そのとき、それまで盛んに黒煙を吐いていた長官機は、グワッと大きな真紅の炎につつまれた。炎は機体にまつわりつくように急速にひろがり、もう最後だ、とわたしは思った。

グラッと傾き、平衡を失った機体は、たちまち錐もみ状態となって深いジャングルの中に墜落してしまった。ブイン基地より数マイル北の地点であった。

わたしは機首を立て直した。

参謀長以下の分乗する二番機もまた、炎につつまれて、西方に向かって落ちて行く。そのうち海上に不時着したが、とたんに大火災を起こし、やがて波間に没し去った」

このあと、柳谷飛長はいったんブインの飛行場に戻り、低空を航過しながらジャングルに向かって二〇ミリと七・七ミリ機銃を撃ち、緊急事態を知らせたのち敵を追いかけ、ショートランド島南端で敵の一機を撃墜した。

前後の事情からすると、柳谷飛長に落とされたのは、帰還途中の攻撃編隊ホルムズ、ハイン、バーバー三機のうちのハイン機と思われる。

こうしてアメリカ側の「復讐作戦」は完璧な成功をおさめ、一機の未帰還機を除きヘンダーソン飛行場に帰った。攻撃隊の報告を聞いたミッチェル提督は、さっそくハルゼー提督あてに電報を打った。

「ジョン・ミッチェル陸軍少佐の指揮するP38一六機は、カヒリ（ブイン）地区に向け出動し、午前九時半頃、密集隊形のゼロ戦隊に護衛されて飛行中の陸攻三機を撃墜。三機のゼロ戦を含めて撃墜六機。わが方未帰還一機」（実際には、陸攻二機撃墜、ゼロ戦全機帰還）

ミッチェルはこのあと、「四月十八日はわれわれにとって、勝利の日と思われます」とつけ加えた。ちょうど一年前のこの日、ハルゼー指揮の機動部隊による日本本土初空襲が行なわれたからだ。日も同じ四月十八日、そして飛行機の数も同じ一六機とは、まるで数字の魔術のような、偶然と呼ぶにはあまりにも不思議な符合であった。

電報による報告をうけたハルゼーは、ミッチェル提督に対し折り返し祝電を送った。

「貴官、ミッチェル少佐ならびに隊員諸士に祝意を表する。獲物袋の中のカモの一羽は、孔雀だったらしいね」

成功にわき立つヘンダーソン基地に対し、日本側のブイン基地では悲劇が始まろうとしていた。

長官機直掩のゼロ戦隊は、守るべき主を失ってバラバラにブイン基地に着陸した。ところが、いつもなら着陸に際して巻き起こるひどい砂塵がまったくない。連合艦隊司令長官を迎えるため、長い滑走路はすっかり清掃して水を打ってあったのだった。陸海軍の基地駐屯の司令や指揮官一同は、正装で飛行場に待っていた。

着陸した搭乗員たちの元気のない、しかしショッキングな報告に、基地では大きな動揺が起きた。敵をショートランドの外れまで追った柳谷飛長は、一番最後に着陸した。かれはまるで夢遊病者のようなうつろな表情で、よろよろと飛行機から降り立った。先に降りた搭乗員の報告だけでは、司令たちも信じられないらしく、柳谷を呼んでたずねた。

「本当に、山本長官は戦死されたのか」

問いかける司令たちの顔色は蒼白だった。

かれは、戦死した、とは明言することができなかった。狼狽《ろうばい》している司令たちに、これ以上打撃をあたえて度を失わさせるのは見るに忍びない気持だったからだ。それに、直掩の六機がこうして無キズでいるのに、ぬけぬけと、ハイ、戦死されましたなどとは言えたものではなかった。

「あれほどの火災を起こしながらの不時着ですから、あるいは長官は御無事でないかも知れません。しかし、自分はそれを確認したわけではありませんから、断言することはできません」

柳谷は婉曲《えんきょく》に、言葉に含みをもたせて答えた。

直掩隊六名の報告にもとづき、基地ではさっそく救助隊が派遣されることになり、先に着陸した森崎中尉も一機を連れて、現場確認のためふたたび飛び立っていった。

結果は予想されたとおりだった。海上に不時着した二番機の機長林浩一飛曹と、同乗していた宇垣参謀長が生存のほかは、山本長官以下全員死亡だったことが、あとになって明らかとなった。

やがて一二時、ずいぶん長い半日だったが、森崎中尉以下の直掩機六機は、ぎらぎらと輝く太陽をあびながら、〝ブイン街道〟をラバウルへ向かった。のどかだった往路とは打って変わって、誰もが黙したまま沈痛な気持を抱いて、ただひたすら飛ぶだけだった。


ポートダーウィン上空、「スピットファイア」に圧勝

ニューギニアあるいはソロモン方面に対する後方基地として、オーストラリアのポートダーウィンの戦略的価値はきわめて大きかった。そこでわが航空部隊はこのポートダーウィンをしきりに攻撃したが、もっとも近いチモール島クーパン基地からでさえ直線距離で約八五〇キロあり、ダーウィン上空での空戦を考えると往復一七〇〇キロはアシのみじかいゼロ戦三二型はもちろん、二一型や二二型でもへたをすると基地に着陸するのがやっとというきびしさだった。

しかもクーパンからポートダーウィンに向かうチモール海上には島がまったくなく、片道三時間の飛行はただ青い海の連続だった。こうして到達したポートダーウィン上空には、ヨーロッパ戦線でドイツ空軍を相手に赫々《かくかく》たる武勲をあげたオーストラリア出身のクライブ・コールドウェル空軍中佐のひきいるイギリス空軍の精鋭スピットファイア戦闘機隊が待ちかまえていたのだ。

昭和十八年半ば、チモール島クーパン基地にはゼロ戦の二〇二空がいた。この部隊はかつての三空が昭和十七年十一月一日に改称されたもので、本拠をセレベス島のケンダリーに置き、戦闘機出身の司令岡村基春中佐、飛行隊長鈴木実少佐のもとにその精鋭ぶりはいぜんとして変わらなかった。

三月三日の初空襲、つづいて十五日に二回目の空襲を行なって以後、しばらく準備のため中断していた日本海軍航空部隊によるポートダーウィン空襲は、五月二日に再開された。これを皮切りに二〇二空によるポートダーウィンやブロックスクリークなどオーストラリア本土に対する空襲は六回を数え、三月以来のと合わせると撃墜だけで一〇一機（うち不確実二二機）に達し、こちらの損害はゼロ戦三機と同行した七五三空の陸攻二機だけだった。もっともオーストラリア側の発表では自軍の損失三八機となっているが、自軍の損害は比較的正確にわかるということからすれば、それでもゼロ戦の勝利は確実だったといえよう。

わけても、五月二日のポートダーウィン進攻でのゼロ戦隊の活躍は目ざましかった。

前日、ケンダリー基地からクーパンに前進した鈴木少佐指揮のゼロ戦二七機は、七五三空の一式陸攻二五機とともにポートダーウィンに向かった。

この日の戦闘の様子を、ゼロ戦隊の大久保理蔵《まさぞう》飛曹長は語る。

「前日、あれほど昂奮していたのに、寝床につくと不思議なほどはやく眠りについた。明けて五月二日、いよいよ初陣の日である。朝の冷気がじつに気持よい。とくにきょうは念を入れて洗顔した。そして、たっぷり時間をかけて放便《ほうべん》もした。上空に舞い上がって、もよおしてきたらそれこそ〝ウンのつき〟である。朝食をほおばりながらも僚友たちは、数時間後にひかえた激烈な戦闘について、冗談まじりに話し合っている。

『戦闘機で、それも豪州まで行くとは、まったくぜいたくな遠足だぜ』

初陣を遠足と同じように考えている、神経の太い者もいる。

指揮所前で、日の丸のハチマキと、航空錠を二ツブわたされた。天気は上々、まったくの攻撃日和《びより》である。すでに一式陸攻隊は起動している。そしてわがゼロ戦隊も指揮官の簡単な訓辞のあと、愛機に飛びのった。

『大久保兵曹、おめでとう。がんばってください』

整備員から激励の言葉をうけたとき私は、思わず武者ぶるいを禁じえなかった。やがて陸攻隊は離陸した。私はエンジンのレバーを全開にした。調子は上々だ。整備員が機にしがみつくように『調子はどうか』と手でしめしている。私が手をふって、『ありがとう、大丈夫だ』と合図すると整備員の顔に、はじめてよろこびの笑みが浮かんだ。――さあ出撃だ。

みごとに離陸して、ただちに三機ずつの編隊を組んだ。地上では、見送りの人たちが総出で、晴れの初陣を祝うように手をふっている。

やがてわれわれは集合のため、飛行場の上空を二、三度旋回すると、予定の攻撃針路に入った。しだいに基地は遠くなる。一式陸攻二七機はガッチリと編隊を組んで、わがゼロ戦隊の前方、約一〇〇〇メートルをすすむ。そのうちに攻撃隊はしだいに高度を上げる。一式陸攻隊七五〇〇メートル、ゼロ戦隊八〇〇〇メートルだ。時計を見ると、目標到着の約一時間まえをしめしている。

やがて前方に、メルビル島が見えてきた。ますます緊張してくる。なんとなく身体がふるえているようだ。

メルビル島を通過すると、めざすポートダーウィンがみとめられた。目をこらすと、雑木林のなかに白い直線——東飛行場を発見した。

はじめて見る敵の飛行場——滑走路の西の隅に、数十の幕舎が白くならんでいる。これが今日の爆撃目標である。われわれは陸攻隊直掩という任務上、つねに陸攻の動きに注意しなければならない。

やがて陸攻隊が爆撃のため高度をやや下げた。そのとき敵の高角砲が猛然と火をはき、これを襲った。——爆弾投下、まるでミゾレのように降る爆弾。しばらくすると、それは白いダリヤの花が咲いたように、地上に炸裂する。空は高角砲の無数の弾幕で、視界がさえぎられるほどだ。しかし陸攻隊は、悠然とこの弾幕をぬって爆撃をつづけている。

——やがて被弾機もなく、ぶじに爆撃も終わり、右に旋回した陸攻隊は避退しはじめた。

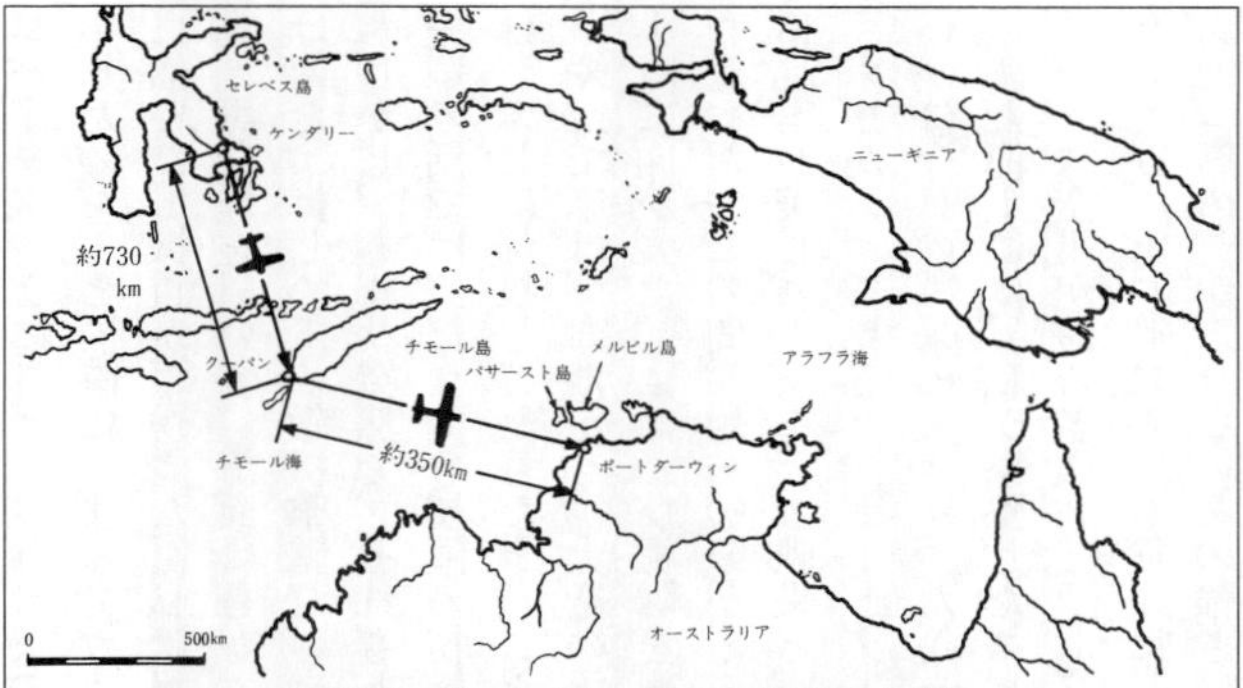

【図22】ポートダーウィン空襲の経路

そしてふたたび海上に出ると、いよいよ敵の迎撃機が陸攻隊に殺到してきた。私には、いままで見たこともない機種である。距離がしだいにちぢまる。

こうして彼我入りみだれての格闘戦が展開された。

そのとき敵の一機が、猛然とわが一式陸攻の一機に襲いかかった。さあ、いよいよわれらの腕前を見せるときがきたのだ。——それっとばかり、わが小隊は単縦陣となって攻撃を開始した。まず小隊長機が一連射する。みごとに命中して白煙をはいたが、墜ちる様子もない。つぎに二番機——まだ墜ちない。

さて、おつぎは私だ。OPL照準器に敵機をとらえた。機影がしだいに大きくなる。まだ早い、あせるな。敵は左右に急旋回して、なんとかして逃げようとしている。陸攻の攻撃なんかしてはいられないだろう。と、そのとき、敵機の翼のマークを見た。イギリスのマークだ。——そうか、これがスピットファイアなのか。相手にとって不足はない。

搭乗員の顔が見えた。絶好の射距離だ。私は発射レバーをグッとにぎった。弾は矢のごとく敵機を襲う。——当たった! みごとに右翼に命中したのだ。と同時に、まるでガラスを割ったように翼が吹っ飛んだ。敵機はたまらずに左に傾いた。機首が下がった。私は操縦桿を引いて上昇にうつり、いま一度、敵機をみると、真っ黒な煙を引いて、海面にむかって、墜ちてゆくではないか。『やったぞ!』と、私はさけんだ。はじめての敵機撃墜だ。

しかし、あまり突然で、それもあっけないものだったので、なんだか実感がわいて来ない。先輩の話では、だれでも初陣の初撃墜なんてものは、なにもかも無我夢中で、実感がわくのは、ぶじに帰投してからだとのことである。なるほどそうかも知れない。

やがて私は、あたかも〝大空の勇士〟になったような、じつに爽快な気持で、前方にいる小隊に向かった。ふたたび編隊を組んで陸攻隊の上空に戻った頃にはすでに敵機は認められなかった。この間、約一〇分か……空戦は終わった。そしてもとの警戒航行隊形となって、積乱雲が美しい大空を、大戦果という土産《みやげ》をもって帰途についたのである。

ふりかえって見ると、ポートダーウィンの東飛行場から、天に冲《ちゅう》する黒煙が空をおおい、いかに今日の戦果の大きかったかを、如実に物語っていた。

また海上には、私が撃墜したスピットファイア一機のほかに、数個の波紋が小さく見える。イギリス空軍が誇る名機スピットファイアの実力については、私はいつも先輩から聞かされていたが、ゼロ戦にかくも簡単に撃墜されるとは、夢にも思っていなかった。いまさらながらゼロ戦の、かぎりないその強さに驚嘆した」

この日、迎撃して来た「スピットファイア」は三三機、ゼロ戦隊は一五分間の空戦で二一機を撃墜し、こちらは陸攻、ゼロ戦ともに全機帰還した。オーストラリア側の記録では、損失一三機（パイロットは二名）となっているが、オーストラリア側から見たこの日の戦闘について、戦闘機パイロットとしてこの方面で活躍したこともあるイギリスの作家ジョン・ベダーはこう書いている。

スピットファイア戦闘機

――ポートダーウィン上空で「スピットファイア」がはじめて戦闘に参加したのは、一九四三年二月六日で、このとき日本陸軍一〇〇式司令部偵察機一機を撃墜した。この数週間後に第五四中隊のパイロットがゼロ戦二機と九七式攻撃機一機を撃墜した。

五月二日の大空襲では、神経過敏になった「スピットファイア」のパイロットは、チモール海（オーストラリア北西の海）上空を帰投中、日本の爆撃機と戦闘機を攻撃したが、このときひどい目にあった。

コールドウェルは大隊をひきいて太陽の方向、日本軍の上空に位置した。第五四中隊がゼロ戦の編隊を攻撃し格闘戦がおこり、高度二三〇〇メートルまでさがった。

ゼロ戦は「スピットファイア」よりも旋回半径が小さい。フランス上空でMe109と戦ったことのあるオーストラリア人たちは、すぐれた射手であり、また熟練したパイロットだったが、あさい降下角度でゼロ戦を攻撃した。ゼロ戦はたちまち小さく宙がえりをして「スピットファイア」の機尾にくっついた。

かれらは撃墜を避けるため大急ぎで横に逃げた。あるものは撃墜され、あるものは燃料がなくなって海上に降り、ゴムボートに乗って救助を待った。コールドウェル大隊は「スピットファイア」五機を失ったが、パイロット三人は救助された。

ポートダーウィン周辺の戦闘で、凍結のため機関砲の作動がわるくなったり、うごかなくなったりしたことがあった。機関砲の一門が作動しなくなったとき、他方の機関砲で射撃すると、飛行機が揺れて照準を狂わせた。

また「スピットファイア」のエンジンは、予備がなく交換できなかったため、大部分は出力が大幅におちたまま使用しなければならなかった。

七月までには「スピットファイア」のエンジンは、非常に悪くなり、ある戦闘で第五四中隊のわずか七機が日本機に追いついただけという状態になってしまった。

こうした数々の悪条件にもめげず「スピットファイア」は、太平洋戦域でも善戦した。そして戦局はだんだん好転し、オーストラリアの危機もしだいにとおのいていった。（サンケイ第二次大戦ブックス『スピットファイア』より）

こうしてみると、オーストラリア軍の「スピットファイア」は不十分なコンディションで戦っていたようだ。これに対してわが二〇二空は三空以来、一年以上もこの方面の作戦にたずさわっていたからよく慣れていたこと、ソロモンやニューギニア方面とちがってセレベス島のケンダリーは比較的静かでパイロットたちも十分な訓練と休養が得られたことなどが、ゼロ戦と「スピットファイア」の戦いをその性能の違い以上に有利に進めることができた主な原因だろう。

それに、どんな優秀な戦闘機でも、中高度以下でゼロ戦との格闘戦に勝つことはきわめて困難だったのである。

ゼロ戦覚え書その三——ゼロ戦の空中戦法

ゼロ戦は抜群に舵の効きのいい、運動性にすぐれた戦闘機だったので、ここに示すような多彩な攻撃方法を取ることができた。中でもすぐれた上昇力と小さな旋回半径を活用した垂直面での戦闘、旋回の途中にロールを入れた、俗にパイロットたちが〝ひねり込み〟と呼んでいた格闘戦法でもっとも強さを発揮した。

ゼロ戦の通常の旋回半径は、パイロットの技量にもよるが一一型、二一型でおよそ一八六メートル台、旋回時間は九・二八秒で、一八〇度急旋回の半径は三四一メートル、旋回時間は五・六二秒だった。

零戦による空中戦法

同位戦

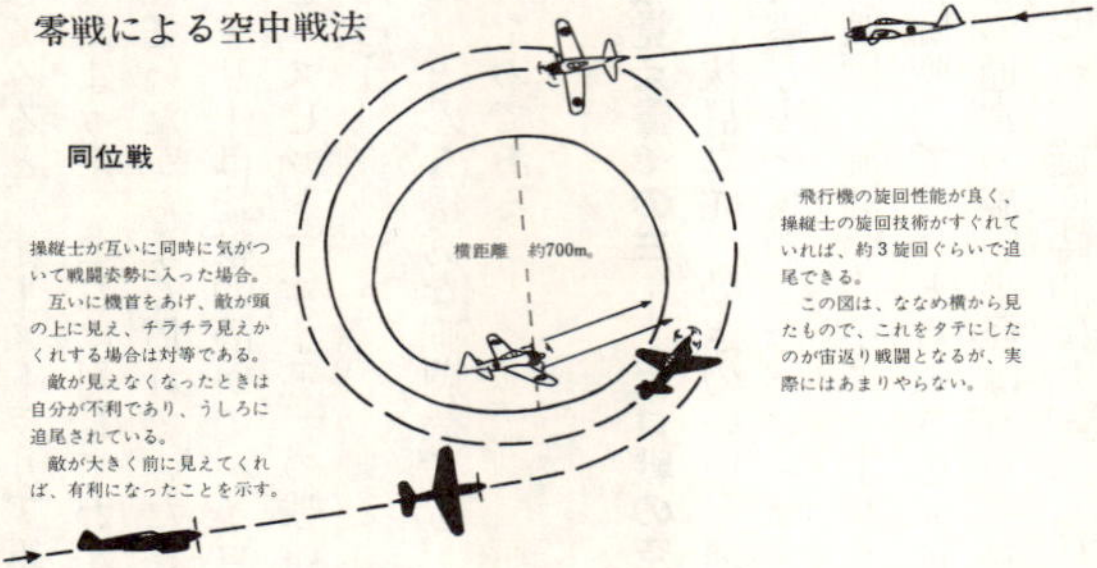

操縦士が互いに同時に気がついて戦闘姿勢に入った場合。

互いに機首をあげ、敵が頭の上に見え、チラチラ見えかくれする場合は対等である。

敵が見えなくなったときは自分が不利であり、うしろに追尾されている。

敵が大きく前に見えてくれば、有利になったことを示す。

飛行機の旋回性能が良く、操縦士の旋回技術がすぐれていれば、約3旋回ぐらいで追尾できる。

この図は、ななめ横から見たもので、これをタテにしたのが宙返り戦闘となるが、実際にはあまりやらない。

【図23】

巴戦

旋回性能の悪い方が、必らず頭を下げて、スピードをつけ、斜宙返りの巴戦に入る場合が多い。

互いに螺旋状を描きながらまわるが、ここでひねり込みという技をつかって、より小さくまわって敵の後に喰いつき、照準器に敵の姿を入れる。

背面をすぎた直後、操縦桿を左に倒したまま足を左から右へ大きくふみかえる。この場合に飛行機は大きく右へすべり螺旋状に小まわりする。

ひねり込みのやり方

左（または右）へ操縦桿を倒し、左（または右）足を大きく踏むと、宙返りと緩横転を併用した形となり、飛行機は鋭く小まわりをする。

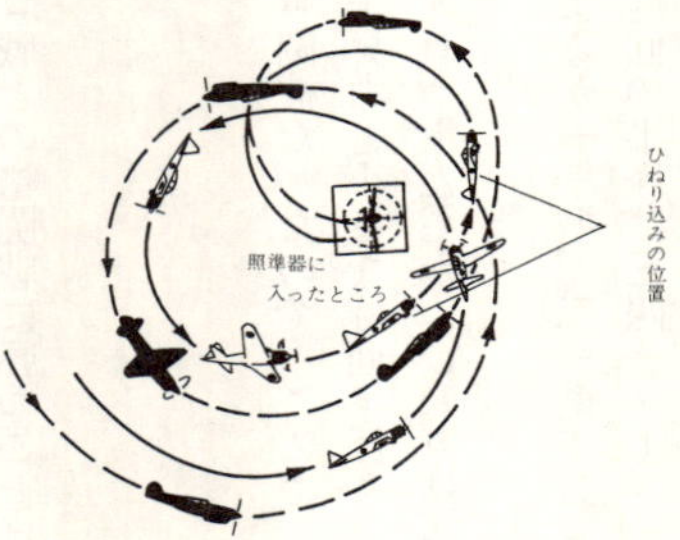

【図24】

【図25】

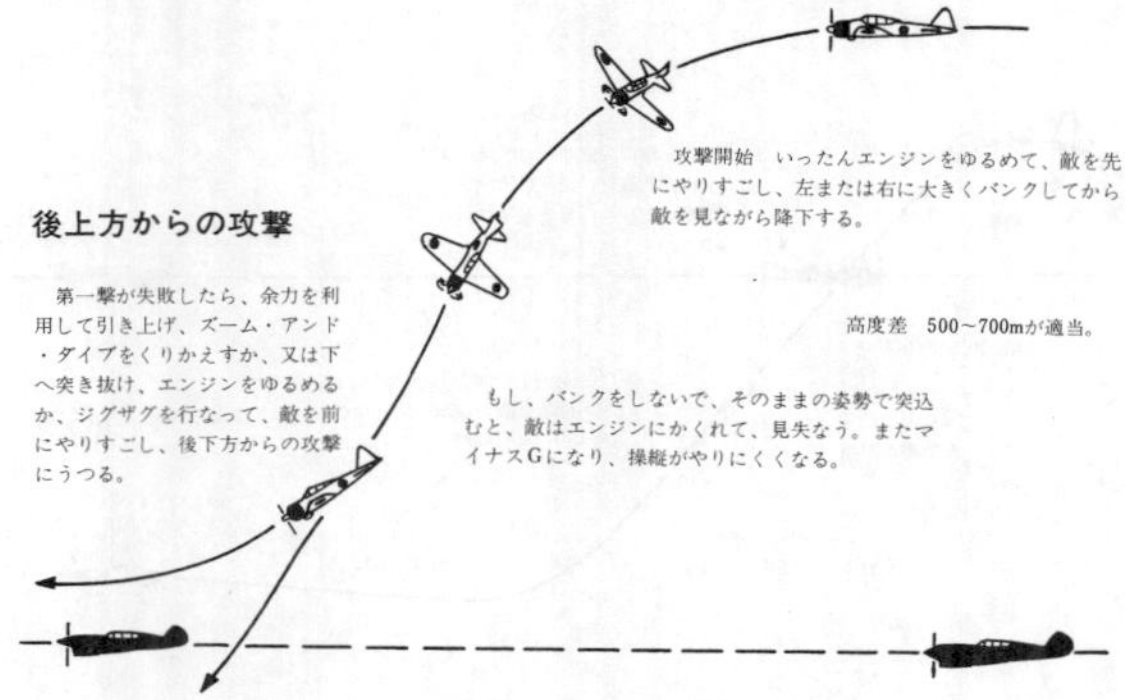
後上方からの攻撃
攻撃開始　いったんエンジンをゆるめて、敵を先にやりすごし、左または右に大きくバンクしてから敵を見ながら降下する。

第一撃が失敗したら、余力を利用して引き上げ、ズーム・アンド・ダイブをくりかえすか、又は下へ突き抜け、エンジンをゆるめるか、ジグザグを行なって、敵を前にやりすごし、後下方からの攻撃にうつる。

高度差　500~700mが適当。

もし、バンクをしないで、そのままの姿勢で突込むと、敵はエンジンにかくれて、見失なう。またマイナスGになり、操縦がやりにくくなる。


【図26】

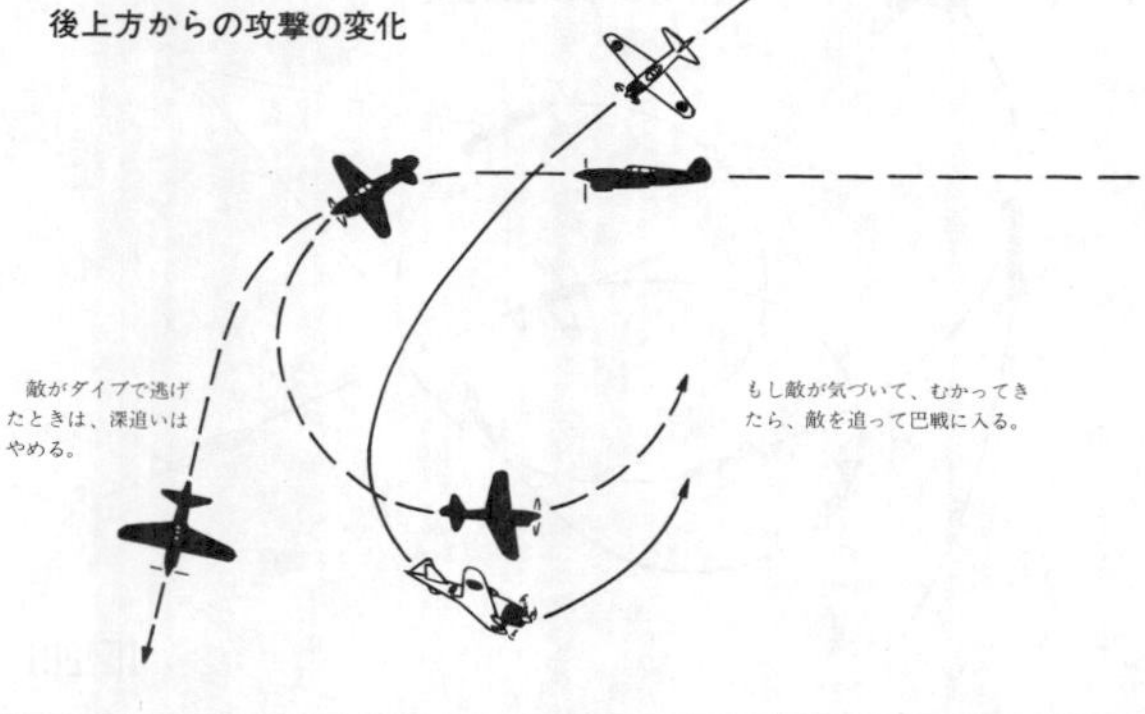
後上方からの攻撃の変化
敵がダイブで逃げたときは、深追いはやめる。
もし敵が気づいて、むかってきたら、敵を追って巴戦に入る。

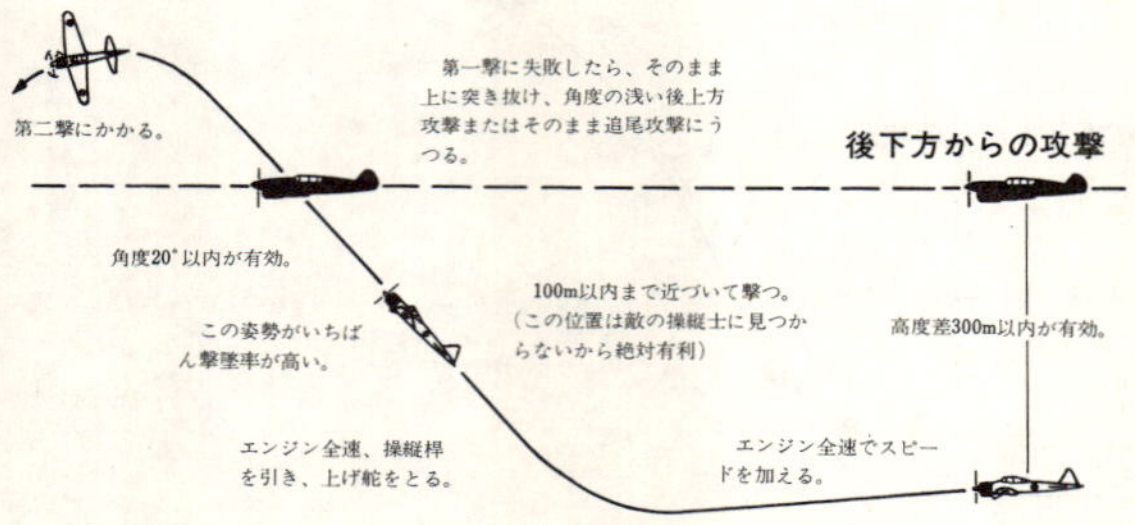
後下方からの攻撃
第二撃にかかる。

第一撃に失敗したら、そのまま上に突き抜け、角度の浅い後上方攻撃またはそのまま追尾攻撃にうつる。

角度20°以内が有効。

100m以内まで近づいて撃つ。（この位置は敵の操縦士に見つからないから絶対有利）

この姿勢がいちばん撃墜率が高い。

高度差300m以内が有効。

エンジン全速、操縦桿を引き、上げ舵をとる。

エンジン全速でスピードを加える。


【図27】

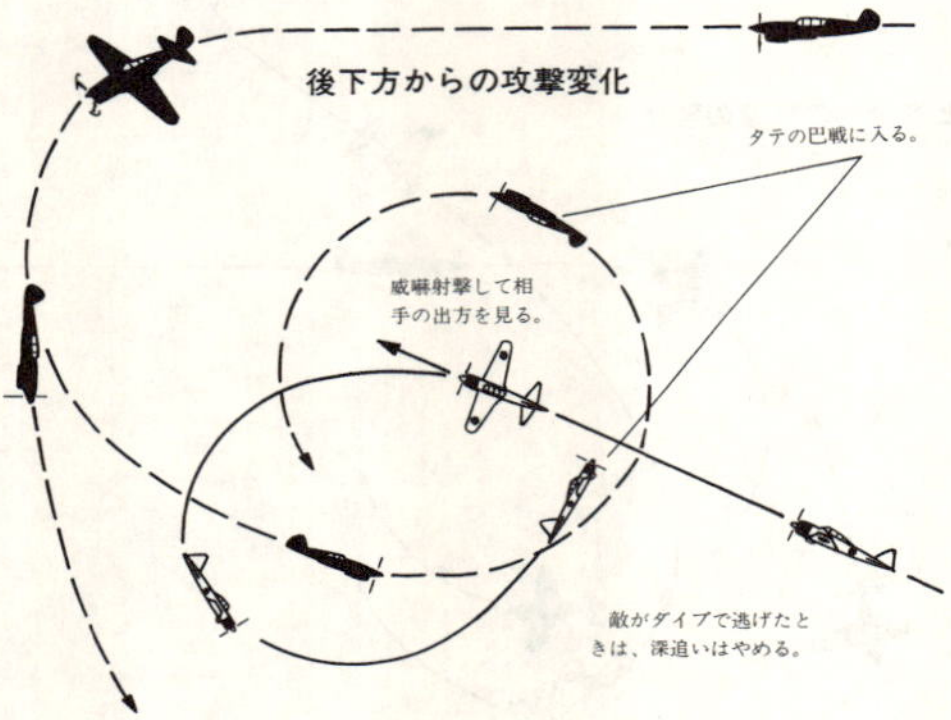
後下方からの攻撃変化
タテの巴戦に入る。
威嚇射撃して相手の出方を見る。
敵がダイブで逃げたときは、深追いはやめる。

【図28】

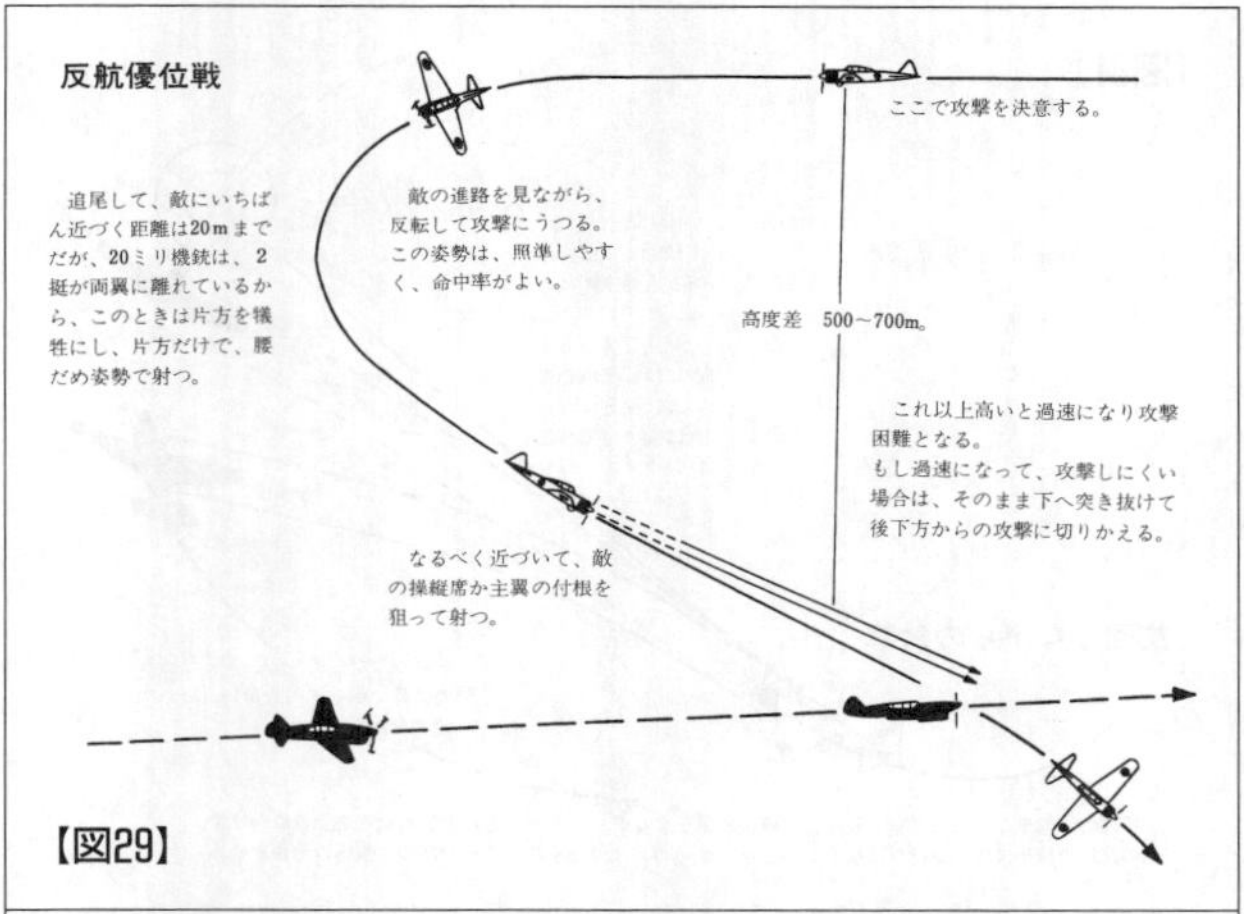
反航優位戦
ここで攻撃を決意する。

追尾して、敵にいちばん近づく距離は20mまでだが、20ミリ機銃は、2挺が両翼に離れているから、このときは片方を犠牲にし、片方だけで、腰だめ姿勢で射つ。

敵の進路を見ながら、反転して攻撃にうつる。この姿勢は、照準しやすく、命中率がよい。

高度差　500～700m。

これ以上高いと過速になり攻撃困難となる。

もし過速になって、攻撃しにくい場合は、そのまま下へ突き抜けて後下方からの攻撃に切りかえる。

なるべく近づいて、敵の操縦席か主翼の付根を狙って射つ。

【図29】

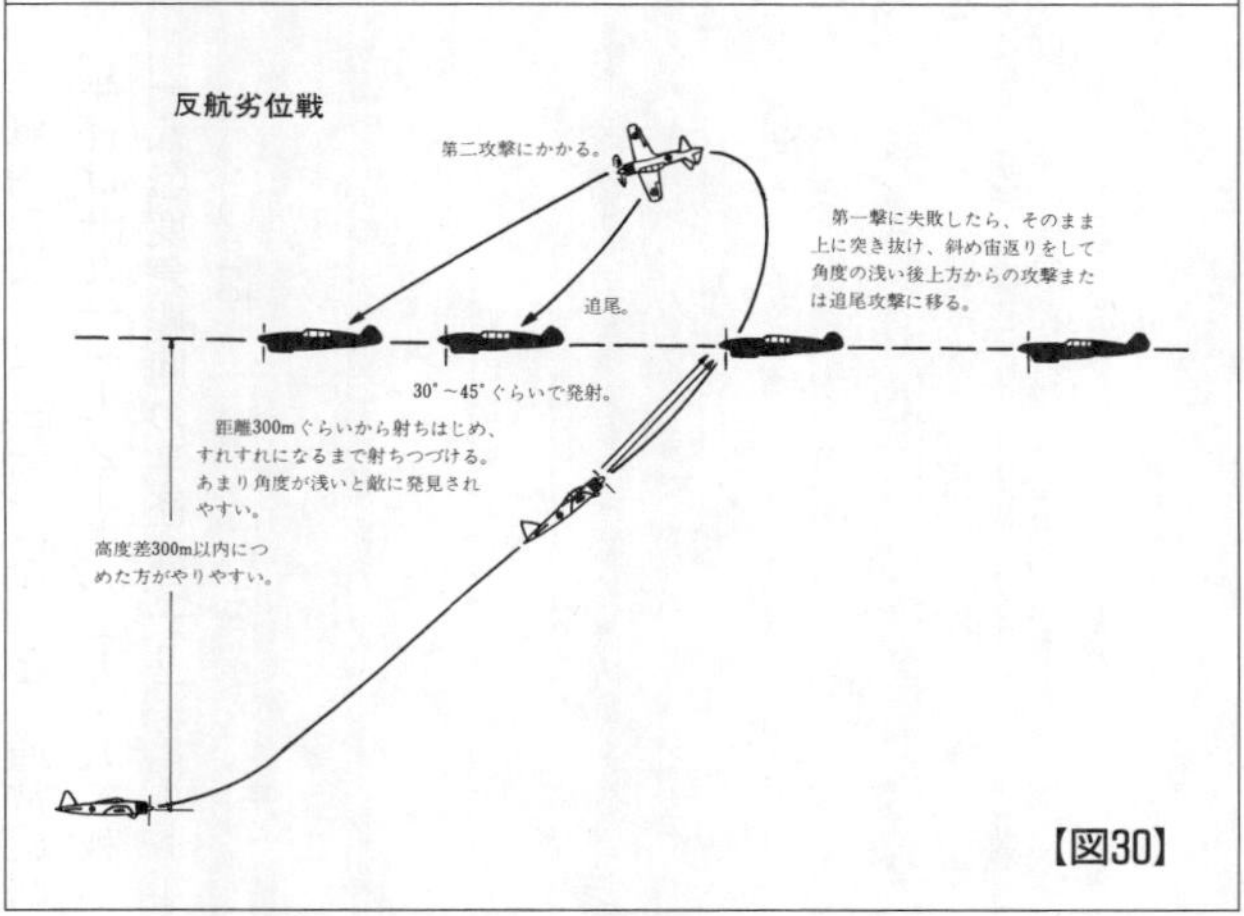
反航劣位戦
第二攻撃にかかる。

第一撃に失敗したら、そのまま上に突き抜け、斜め宙返りをして角度の浅い後上方からの攻撃または追尾攻撃に移る。

追尾。

30°～45°ぐらいで発射。

距離300mぐらいから射ちはじめ、すれすれになるまで射ちつづける。あまり角度が浅いと敵に発見されやすい。

高度差300m以内につめた方がやりやすい。

【図30】

【図31】

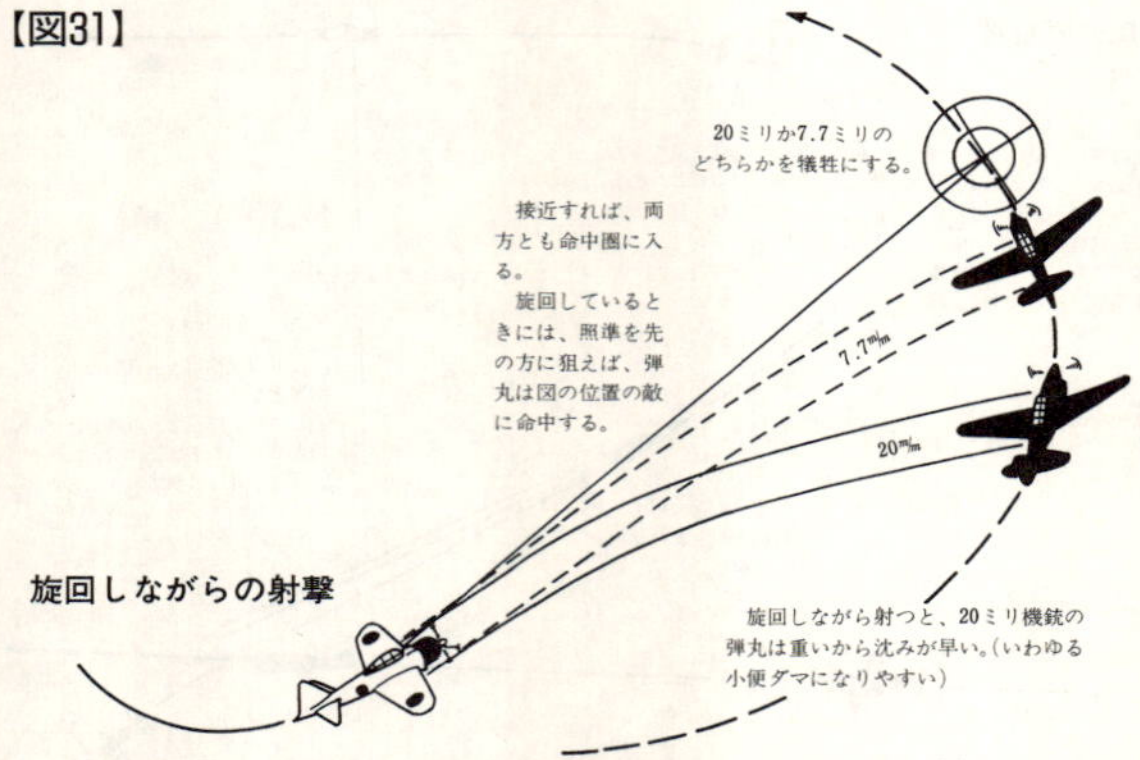
20ミリか7.7ミリの
どちらかを犠牲にする。
接近すれば、両方とも命中圏に入る。
旋回しているときには、照準を先の方に狙えば、弾丸は図の位置の敵に命中する。
7.7㎜
20㎜
旋回しながらの射撃
旋回しながら射つと、20ミリ機銃の弾丸は重いから沈みが早い。（いわゆる小便ダマになりやすい）

瞬間的に舵をもどして、Ｇを殺し、正確な射撃をする手もあるが、あらかじめ機首を上方に向けて、敵の進路を精密に狙わなければならない。遠くから20ミリ弾丸を命中させるには、相当の熟練がいる。

翼端を切った三二型になると、通常旋回半径は一九一・七メートル（九・八二秒）、一八〇度急旋回の半径は三五二メートル（六・〇二秒）に増えている。

第四章——あゝラバウル戦闘機隊

ルッセル島上空、ゼロ戦隊の殴り込み

山本連合艦隊司令長官戦死という、大きなアクシデントで、一時は沈み切ったソロモン方面のわが航空部隊も「山本元帥につづけ」の合言葉を軸に、少しずつ活気を取りもどしつつあった。

五月十日、二五一空と七〇二空をもって編成された、第二五航空戦隊がラバウルに進出、東飛行場には二〇四空および五八二空と合わせて「い号作戦」以来の多数の戦闘機が集結した。そして五月十三日、この大勢力の戦闘機隊をもって、ガダルカナル島の手前にある増強いちじるしい、ルッセル島の敵航空勢力を叩くことになった。

総指揮官は歴戦の宮野大尉、二〇四空二四機に五八二空および二五一空合わせて七〇機あまりの大編隊が、敵基地の戦闘機に戦いを挑むべく、一路ルッセル島を目ざした。ひさしぶりに会敵必至とあって、各隊員たちが胸の高なりをおぼえながら進むこと約三時間、目ざすルッセル島が見えて来た。

編隊は高度八〇〇〇メートルでルッセル島の西側を一航過、ガダルカナル島を目の前に望

むあたりで大きく右旋回した。

「日本戦闘機隊これにあり、いざ出会え！」

敵上空での旋回は、いってみれば挑戦の意志表示だった。こうした場合、先頭の隊長機の操縦はじつにむずかしい。隊長機の誘導が悪いと、編隊がバラバラになってしまう。地上の行進でもそうだが、隊形はとかく後ろがおくれて間のびしがちとなる。空中でそうならないため、最先頭の隊長機はエンジンを六〇パーセント程度に絞って飛ばなければならない。そして攻撃に入るまでは、決して急激な動きは禁物だ。

さすがに、宮野大尉は名指揮官だった。これだけの大編隊を掌握して、敵地上空で一糸乱れず編隊を誘導して行った。

変針を終えた大編隊は、三個の各大隊ごとに戦闘隊形をとりながら、ルッセル島上空にさしかかった。

「いたっ、敵だ！」

前方にゴマ粒をまいたように敵編隊約六〇機。各編隊いっせいにこれを発見、戦闘はまず後続大隊から開始された。ときに午前一一時五分。総指揮官宮野大尉はこれを掩護すべく第一大隊（二〇四空隊）を右旋回で誘導、東に指向した。その途中、宮野大尉の三番機大原亮治二飛曹は下方にゼロ戦が一機煙を吐き、その後ろに攻撃しているＦ４Ｕ「コルセア」を発見した。

とっさに前に出た大原は、手先信号で宮野隊長に知らせた。折り返し、隊長から返信があ

ったが、

「お前、行け」

にびっくりして、もういちど問いかえした。

「一人でか？」

「そうだ、一人で行け」

ためらいは許されない。ちょっと不安だったが、「諒解」の敬礼をした大原は、右急降下旋回でF4Uの追撃に入った。

高度八〇〇〇からの降下とあって、みるみるうちにスピードがつき、敵機との距離が縮まって行く。上方で敵味方入り乱れての大空中戦が展開しているのが目に入った。降下しながらも、チラッと間断なく周囲に注意をくばる。

前年八月、ラバウルに来た当時はまだ、ひよっこだった大原も、相つぐ実戦の洗礼をくぐることによって、修羅場に直面してもこれだけの余裕を持つことができるようになった。

F4Uは、大原の接近に気づかないのか、なおも夢中でゼロ戦を追っている。黒煙を吐きながらも、ゼロ戦は右に左に必死の回避をこころみている。

大原は射距離に入る前に、もういちど後方を見た。

「よし、大丈夫だ」

右旋回しながら敵をOPL照準器いっぱいに捕らえ、発射レバーを握った。二〇ミリと七・七ミリが敵機をつつみ込んだと思った瞬間、パッと火を吐いた。

「やった！」

何とも言われない撃墜の手ごたえを喜ぶ間もなく、今度は大原の機体にバラバラと機銃弾があたった。

「おかしい？　右旋回攻撃中は、後ろに敵機はいなかったはずだ」

頭ではいぶかりながらも、かれの手足は的確に回避操作をやっていた。とたんに左側から右側に、黒い影が通り過ぎた。

「やられた？」

本能的にそう感じて、とっさに後ろを見ると、オレンジ色の火とどす黒い煙が尾部から吹き出している。そして機は螺旋をえがきながら、機首を下にして墜落の状態になった。グルグルまわる海面の一部に、ルッセル島の敵飛行場が見えた。何ともいえない悲壮な気分だった。

「何の、こんなところで死んでたまるものか」

わが心に言い聞かせながら、エンジンを絞り、機首を起こして回復操作に入った。

高度四〇〇〇メートルまで下がったとき、いつの間にか火は消えていた。

「よし、運がいいぞ。天まだわれを見捨てたまわず、だ」

元気が出た。機首がしだいに起き、水平飛行に移そうと思ったとき、今度は強い力で機首が上がろうとする。

「さては、昇降舵をやられたな」

そう直感したので、操縦桿を一杯に前に押して辛うじて水平を維持、さらにひどく左に傾いているので右に倒した。

この状態では戦闘どころではない、戦場を離脱した方がよいと判断した大原は、出発前に打ち合わせた空戦後の集合地点ガッカイ島の方に向かった。早く戦場から遠ざかろうとエンジンをふかし、高度を下げながら集合点に急ぐ大原は、はげしい胸の鼓動にようやく気づいた。

しばらく飛んで、もうじき集合地点だと安心しながらも、念のために後ろを振りかえった大原は、右後方にF4U二機が追尾して来るのを見て愕然《がくぜん》とし、とっさに回避方法を考えた。

「右はダメだ。左旋回で逃げるしかない」

そう思い、からだを思い切りひねって左側を見ると、何と左後方にも一機いるではないか。これは挟み打ちでやられると、絶望が脳裏をかすめたが、すぐに闘魂がそれを打ち消した。

「むざむざやられてたまるか。距離はまだある。今なら間に合うぞ」

肩と腰のバンドをはずし、後ろの敵機を容易に確認ができるよう体を自由にした大原は、どちらが先に攻撃をかけて来るかをじっと見た。決して左右から同時に攻撃することはできないことを知っている。実戦の場を数多く踏んだ者の余裕だった。

二機の方が先だった。大原機の直後ろ《まうしろ》に入り、逆かもめ型の特長のあるF4Uが急速に近づいて来て、エンジンがはっきり見えるまでになった。

「いよいよ撃って来るな。初弾が当たったら仕方がない。とにかくがまんして、直進あるのみ。撃って来たら逃げよう」

右ラダーを強く踏み、敵に気づかれないように機を滑らせながら、撃って来たら左旋回で逃げようと、ほとんど後ろ向きの姿勢のまま操縦していた。胸の鼓動がふたたび激しくなった。絶体絶命のピンチだ。生命の危機を前にしての生物の本能が、いまや大原の全身を支配し、あらゆる器管が闘争へと身構えていた。おそらく、かれの顔面はひきつり、頭髪は逆立ち、目はいっぱいに開かれていたにちがいない。

敵機の主翼付根が黄色くなり、数条の火箭がツーとのびて来た。撃ち出したのだ！　大原は反射的に渾身の力をこめて操縦桿を引っ張り、機を左垂直旋回に入れた。強大なGがかれらの全身を締めつける。眼がくらみ、頭は首にのめり込むかと思われるほどで、息がつまるようだった。我慢することしばし、Gがゆるむとともに、眼前が明るさを取りもどして来た。

「敵はどこだ」

曲げられるだけ後ろに首を曲げてみると、一機が目に入った。その前に二機がいる。さらに旋回をつづけるうち、とうとう敵の一機の尾部に食い込んだ。こうなれば旋回半径の小さいゼロ戦の強味で、たちまちこの敵を照準器に入れた大原は、先ほどのお返しとばかり、必死の射弾を胴体めがけて撃ち込んだ。と、ガクッと停止したかに見えた敵機が飛散し、大原はその上を通り抜けた。もう二機はどうした、と後ろを見ると、一機がバーッと火を吹いた。

「ありゃ、オレの弾丸が後ろの敵機に当たるわけはないが……」

そう思っていると、頭上をかすめて一機のゼロ戦が急上昇して行った。敵は大原機を追うのに夢中で、後方からしのびよる他のゼロ戦に気づかなかったのだ。

空中戦は一瞬にして形勢が逆転する。一対三の劣勢が、たちまち二対一の優勢に変わった。あわてた残りの敵一機は、得意の急降下で逃げてしまった。これを追うだけの機体の頑丈さは、ゼロ戦にはない（二一型や三二型は、急降下制限速度を三六〇ノットと決められていた）し、まして傷だらけの大原機に追跡は無理だった。

大原が機首を立て直してガッカイ島に向かうと、先ほどの救いの神のゼロ戦が近寄って来た。風防の中の顔は、かれの先輩で五八二空の飯塚一飛曹だった。大原の飛行機は、操縦席から見える範囲でもかなりの被弾があったし、燃料タンクもやられてブインまで燃料はもちそうもないので、コロンバンガラ島の不時着場に着陸することにした。

飯塚一飛曹に付き添われて降りたが、被害を点検したところ、右翼や後部胴体に多数の弾痕があり、昇降舵は上面の羽布がめくれて、プロペラ後流でバタバタしていた。今さらながら大きな被弾に驚いたが、「P38がやって来るから、燃料をつんだらすぐ帰れよ」と言われ、上空で飯塚一飛曹が見まもる中を離陸、無事ブインに帰ることができた。

着陸後、整備員といっしょに丹念に被弾状況をしらべたら、座席の直後から後部胴体一面と右翼、燃料タンクなどに三八発も当たっていた。昇降舵の連動桿の真ん中にも一弾が当たって桿がよじれていたが、機首が上がり、右に傾く傾向があったのはこのためだった。だが、ゼロ戦のすばらしい安定性が、大原の命を救ったのだった。

双方合わせて約一三〇機あまりの戦闘機同士の空中戦は三〇分ほどで終わったが、わがゼロ戦隊の圧勝に帰した。すなわち二〇四空二三、五八二空一二、二五三空六、合計四一機を葬り、ほぼ作戦目的を達成した。

わが方の損害は、二機だった。

五月十三日の戦闘はこちらの快勝に終わったが、六月七日のルッセル島航空撃滅戦は敵が一〇機ぐらいずつの編隊を組んで攻撃する新戦法に変えたため、かつてない苦戦となった。

こちらはゼロ戦八一機。敵はＦ４Ｆ、Ｆ４Ｕ、Ｐ38、Ｐ39、Ｐ40など合わせて約五〇機。

このころ、敵は飛行場群のいちじるしい整備にともなって航空兵力が急激に増強され、攻撃のたびに速度の遅いわが艦爆隊は大きな被害をこうむるようになった。そこで、敵戦闘機を叩くための攻撃作戦が行なわれることになったが、戦闘機だけで行ったのでは敵は反撃して来ないので、一部のゼロ戦に爆装して艦爆に見せかけ、敵戦闘機をおびき出そうということになった。

六〇キロ爆弾を二個、翼下面に装着するのだが、爆弾投下後も懸架装置が大きな空気抵抗となるので速度も空戦性能も低下し、爆装隊は危険な役割となる。ところが、宮野大尉が進んでこの役を引き受けると言い出し、結局、隊長直率の一中隊第一、第二小隊が爆装隊となった。

また、この日は宮野大尉の提案で、二機を戦闘の最小単位として相互に支援警戒にあたらせ、四機で一個小隊、八機で一個中隊とする敵と同じ編隊編成をとり入れた。

こちらは五八二、二五一空とともに八一機のゼロ戦が、高度八〇〇〇メートルでルッセル島南側から北に向かって進入した。

隊長編隊には、三番機として右に進級したばかりの大原亮治二飛曹、四番機として左に同じく柳谷謙治二飛曹が従っていた。

爆装隊が投下態勢に入るべく緩降下を開始したとき、三番機大原は左前方はるかに、左旋回接近中のP38二機を発見した。隊長の右側にいた大原にくらべ、左側の柳谷はどうしても左側の見張りが不足しがちとなる。列機は絶えず隊長機の動きを注視していなければならないからだ。

「危ない。早く爆弾を落とさなければ」

大原の苛立ちをよそに、敵機は急速に近づき、降下中の隊長編隊の左側から攻撃に入り、一瞬のうちに右側に過ぎ去った。そのとき、柳谷機がグラリと傾き、同時に爆弾が投下された。眼前にはF4F、F4U、P38など各種入りまじっての敵機の大群で、たちまち空戦の渦に巻き込まれた大原は、柳谷機のあとを見とどけることはできなかった。

柳谷は隊長機に従って八〇〇〇メートルの高空からダイブして、六〇〇〇メートルで爆弾をおとし、すぐに空戦の態勢に移ろうとしたとき、突然、隊長機を曳光弾がつつみ、P38機が上空を横切るのを見た。

「敵だ!」

はっとしたとたん、柳谷二飛曹は全身に鋭い痛みを感じた。先頭の隊長機を撃った敵の弾丸が、柳谷にも当たったのだ。本能的に体を見回すと、操縦桿を持つ右手からひどく出血があり、まったく感覚がない。足もやられたらしく、飛行靴がめちゃめちゃになっていたが、足が動かないので脱ぐこともできない。頭が割れるように痛み、もうダメかと観念したが、エンジンが何ともないようだ。

「とにかく、戦闘圏から脱出しなければ――」

混乱した頭の中でそれだけを思いついた柳谷は、操縦桿を左手に持ちかえ、上空を飛びまわる敵機群から離脱すべく、エンジンを絞って急降下した。海面上数百メートルで引き越し、敵が追って来たらさらに高度を下げるつもりで水平飛行に移ったが、痛さとひどい出血で、すーっと意識が薄れかかった。これはいかんと気力を振りしぼって、剣道のときのような気合いをかけながら飛んだが、全身を倦怠感がおそってきて、面倒だからいっそ海に突っ込んで自爆してやろうか、などという考えがチラチラ浮かび出した。

もはや恐怖感はない。それは快い死神の誘惑だった。ふと故郷のこと、母のことなどを思い出した。遠のく意識の中で、

「オレもいよいよ死ぬんだなあ」

と、思いながらも一方では、

「飛行機は大丈夫だし、帰れるんだ。よし帰ってやろう」

とも思った。

ゼロ戦はすばらしい飛行機だった。片手も足もきかず、半ば意識の薄れかかった柳谷を、やさしくいたわりながら快調に、安定よく飛んでいた。だれかが、ゼロ戦は空飛ぶゆりかご

だと言ったが、そのゆりかごの中で柳谷は、生と死の境目を往きつ戻りつしていたのだ。だが、かれを死神の誘惑から救ったのは、負傷による激しい痛みだった。

そんな状態にありながら、何も目標のない海上を数百キロも飛んで、不時着場のコロンバンガラ島にたどりついたのは、もう本能のようになったパイロットのカンだった。着陸してエンジンのスイッチを切ったとたん、柳谷は意識を失った。

島の陸戦隊員たちが柳谷を飛行機から降ろし、ジャングルの中のテントにかつぎ込んだ。軍医が見ると右手がひどい状態で、そのままにしておくと破傷風で命取りになりかねないので、手首から切断することになった。といって、ここは第一線だから満足な手術道具はもとより、麻酔薬すらない。そこで麻酔をかけずにのこぎりで骨を切るという、荒療治となった。暴れるといけないので、柳谷を三人の看護兵が押さえ込み、口には脱脂綿がつめられた。手術がはじまったとたん、突き抜けるような激痛に柳谷は身をよじろうとしたが、がっちり押さえられているし、口には脱脂綿がつめ込まれているので、叫ぶことすらできなかった。内臓をやられたわけではなかったので、暴れる元気があったのは幸いだった。手首がなくなった右手にはグルグルほう帯が巻かれ、全身血とあぶら汗にまみれた柳谷は、ふたたび意識を失った。

この日の戦果は、他隊も含めて撃墜四一機にのぼったが、わが方も歴戦の日高義己上飛曹をはじめ、岡崎靖《やすし》一飛曹、山根亀治二飛曹（以上二〇四空）ら九名の戦死をかぞえた。

名隊長宮野大尉、ルンガ上空に死す

話はさかのぼるが、山本連合艦隊司令長官が戦死した直後の四月末、二〇四空飛行長として横山保少佐がラバウルに着任した。横山少佐は大尉時代、まだ十二試艦上戦闘機とよばれていたゼロ戦の増加試作機で編成された、最初の部隊の指揮官として中国大陸に進出して以来、太平洋戦争では三空飛行隊長として、開戦劈頭《へきとう》の台湾からフィリピンへの長距離進攻、ついでセレベス、ボルネオ、ジャワ、さらにチモール島と、ゼロ戦の性能をいかんなく発揮した快進撃の先頭に立ち、いわばゼロ戦の実戦における声価を不動のものとした一人だ。

その後、大村航空隊の飛行隊長として内地に帰り、約一年もの間、実戦の経験を生かした教育、訓練によって、数多くの若いパイロットを第一線に送り出して来た。しかし、こちらが圧倒的に優勢だった一年前にくらべ、戦争の様相は大きく変わっていた。そのことを、かれは自著『あゝ零戦一代』（光人社刊）の中で次のように述べている。

内地のおそ咲きの花に名残りを惜しみつつ、今度こそ生きて内地の土をふむことはできないだろうという悲壮な覚悟が、わたしの心の奥深く秘められていた。それでも笑って家を出たのであるが、母も妻も、現在の戦場の苦闘を知らないだけに、笑いながらこういってくれたのである。

「あなたは運がいいから、今度もきっとご無事で帰ってくるわ。あのお守りと千人針とを忘れないで、きっと肌身離さずつけていて下さいね」

そのお守りと千人針とは、昭和十二年の初陣いらいのものだったが、その後、お守りの方はだんだんふえて、お守り袋もいつか厚くなっていた。その日も、幼い子供たちは、何も知らぬげに笑っていた。（中略）

ラバウルに到着した翌日、わたしは飛行場にパイロットたちを集めて第一声を放った。

「横山少佐、ただいまより飛行長としての指揮をとる。諸君の大部分の者は、開戦いらい蘭印方面（現在のインドネシア）よりこのラバウルに転戦し、連日奮闘されていることは、まことに御苦労である。

緒戦のあのはなばなしい戦闘にくらべ、今日では毎日が苦しい戦闘をつづける結果となっている。わたしが内地を発《た》つときに言われて来たことは、パイロットもゼロ戦もかならずラバウルの前線に送り出すということだった。この内地からの増援兵力が到着するまで、もう少しがんばってくれ」

そうは言ったものの、戦闘指揮所で、宮野善治郎大尉からいろいろ話を聞いてみれば、内地でわれわれが考えていた以上の、悪戦苦闘がつづいていることがわかった。

士官パイロットがつぎつぎに戦死し、この若い宮野大尉一人が実質的に隊長兼分隊長という立場にあって、指揮をとっていたのであった。

宮野大尉は開戦のころ、わたしが飛行隊長だったときに、若い分隊長としてともに戦ってくれた部下で、かれはチモール島のクーパンでわたしと別れてから、そのままラバウルに転戦して、この一年間を戦いつづけて来たのである。そして現在、たった一人の飛行隊幹部として、いつも第一線に出撃していたのである。

パイロットたちはといえば、かれらはいずれも真っ黒に陽やけして、やせた顔に目ばかりがぎょろぎょろしていた。一見して、精神的にも肉体的にも疲れ切っていることがわかった。

しかし、わたしには、かれらを後方へさげて休養させるだけの権限もなければ、この戦況のもとでは、現地においてさえ休養させる余裕もなかった。なぜならば、この指揮所で宮野大尉と話している間にも、今では日課となった空襲警報が発令され、パイロットたちは駆け足で飛行機のところへ行き、そのまま砂塵をあげて飛び立って行ったからである。

わたしはその数日後、次のような陰の声を聞いてしまった。

「ラバウルのパイロットは、死ななきゃ内地へ帰れない」

わたしは悲しくなった。しかし、これがかれらの真実の声かも知れない。それでもかれらは、わたしに不満な顔を見せなかった。そして空襲のあるたびに、われ先にと飛び立って行った。

だが、かれらにしても、来襲機に対する迎撃戦闘だけなら、こうも疲労はしなかったであろう。じつのところかれらは、ガダルカナル攻略戦がはじまってから、掩護戦闘機として片道五〇〇カイリの長距離進撃を、毎日、毎日、くりかえさせられ、そればかりか引きつづいて行なわれたその後の撤退作戦には、人間としてこれが限界といえるほどの戦闘を要求されて来たのだ。単座戦闘機で航続距離ぎりぎりのところまで行って、それで空中戦をやって帰って来る。この連続は、戦闘機パイロットにとっては、たしかに辛いことだった。

わたしが着任したときは、山本連合艦隊司令長官が、ブーゲンビルで敵戦闘機の攻撃をうけて戦死された直後だった。それだけに、戦闘機隊として責任を感じていたと同時に、ズバリいうならば、かれらの士気があまりあがらない時期でもあったのだ。にもかかわらず、宮野大尉はひと言の不平も言わず、やせ細った顔をニコニコさせながら先頭に立って飛んでいった。この基地の士気を高めることは自分の責任だ、と考えたかのように……。

期待されて着任した横山少佐であったが、約一ヵ月後にはこの二〇四空を去らなければならなかった。といっても南東方面艦隊の参謀として、同じラバウルの司令部勤務だったから、かつての部下宮野大尉の動静には、何くれとなく気をくばっていた。

それから、一ヵ月以上が過ぎた。

日高、山根、岡崎の三人の戦死者を出し、柳谷二飛曹が重傷を負った六月七日の戦闘のあと、三日ほどは何事もなく、十一日は宮野大尉指揮の二四機がブインに進出した。翌十二日、二五一空、五八二空戦闘機隊と一緒にルッセル島攻撃に出動、双方約七〇機ずつの同兵力で激しい空戦を展開、二〇四空ではＦ４Ｆ、Ｆ４Ｕ合わせて六機を撃墜、わが方の損害なしというまあまあの戦果だった。

この日の戦闘では、六月七日にはじめた四機小隊編成により、主戦小隊が戦闘に加入しているときにはかならず他の小隊はこれを警戒支援し、被害を最少限に食いとめようとするいわゆる編隊戦法をさらに徹底した。

そして四日置いた六月十六日、二〇四空にとっては最悪の日となった、ツラギ、ルンガ泊地の敵艦船に対する攻撃作戦が行なわれた。

この日の早朝、ガダルカナル方面に飛んだわが偵察機から、ルンガ沖に敵の大型輸送船五隻、そのほか中、小型を含めて二八隻が在泊中と報じて来た。続々と増強をつづけていることの方面の敵の動きは、あきらかにソロモン方面での積極的な攻勢の前触れと見られたので、十一航艦司令部としては、わが航空兵力が十分でないことを知りながらも、敵の出鼻をくじくため、これらの艦船に対する攻撃を実施しなければならなかった。

天候は上々だった。二〇四空と五八二空は、いったんブインに進出して燃料を補給することになったが、出発前、整列していた大原二飛曹の手に目をとめた宮野隊長が、

「大原、その手の包帯は何だ？」

と声をかけた。大原の代わりに小隊長の日高飛曹長が、

「昨日の戦闘で指をケガし、二針ほど縫ったんですが」

と答えると、宮野は大原に言った。

「そんなケガでは、六〇〇〇も七〇〇〇（メートル）もあがれないからやめろ」

「いえ、大丈夫です」

「大丈夫といったって、気圧の低い高空にあがったら血が吹き出すぞ。今日はダメだ」

押し問答の末、大原は出撃からはずされ、かれの定位置である隊長の三番機には、橋本久英二飛曹が代わりに行くことになった。

第三中隊第二小隊四番機の八木隆次二飛曹は、もっとも危険な配置である艦爆隊の直掩だった。副長玉井浅一中佐の訓示、宮野飛行隊長の作戦説明が終わって解散したあと、八木は自分の乗る飛行機のそばで、出発前のひとときを過ごした。この日の弁当は、主計科心づくしの一番上等な寿司弁当だった。かれらは自分たちの口には入れず、ひたすら搭乗員たちの健闘を祈って作ったものだが、どうせ上空にあがったら食べるヒマなどないだろうと思い、八木は地上で半分ほど食べてしまった。

サイダーも三本配給になったが、これも整備員と分け合って飲んでしまった。激戦が予想される今日の出撃は、帰って来れないかも知れないと覚悟を決めた。訓示のとき、戦闘機隊のとなりに並んでいた艦爆隊の隊員たちが、この暑さの中で真っ青な顔をしていたのを思い出して、気の毒だなと思った。自分たちだって死ぬかもしれないが、艦爆隊の方がその確率はずっと高かった。

午前一〇時、五八二空艦爆隊二四機がまず出発、つづいて二〇四空、五八二空の戦闘機四八機が飛び立ち、上空でブカからやって来た二五一空の戦闘機二五機と合流、一〇〇機近い大編隊となって、おだやかなソロモン海の空を一路、ガダルカナルへと進撃した。

一二時一五分、いよいよガダルカナル飛行場群の上空に進入した。去る二月、陸軍部隊が無念の撤退をしたルンガ河口の敵陣地から空を覆う防禦砲火が撃ち上げられた。と見る間に、F4F、P38、P39、P40などの敵戦闘機が群をなして艦爆隊に襲いかかった。

わが直掩戦闘機隊は、この艦爆隊を守り通すため、反撃することができない。速度の遅い艦爆隊を守るため、戦闘機隊は二機ずつ交互にバリカン運動をしながら、みずからを楯としなければならなかった。

単縦陣となって急降下を開始した艦爆隊につき添って、先頭の宮野隊長編隊から、これも艦爆に速度を合わせるため、バリカン運動をしながら突っ込みはじめた。このとき隊長編隊の四番機として一番端にいた中村佳雄二飛曹は、横から襲って来たP40に左翼の燃料タンクを撃ち抜かれ、同時に手と胸にはげしい痛みを感じた。

「やられた！　燃料コックを切り替えなければ……」

そう思って高度三〇〇〇メートルあたりで引き起こしたとき、隊長の宮野大尉が横について来ているのに気づいた。宮野隊長は中村に、もっとも近いコロンバンガラ島に不時着しろと手信号で命じ、すぐ戦闘へとって返した。この間に三中隊の一機も火を吹き、艦爆隊にもかなりの被害が出た。

ただ一機、戦場を離れた中村の苦闘がはじまった。飛行機の方はガソリンがどんどん洩れるし、手からもかなりの勢いで血が流れ、〝自爆〟の文字がチラッと頭をかすめた。

「とにかく、血を止めなければ……」

そう思ってマフラーをはずし、操縦桿をひざにはさんで、口と利く方の片手で、負傷した手をしばった。高度をとると敵機にやられると思い、海面すれすれまで降りてコロンバンガラ島に進路をとった。

三〇分ほどで島にたどりつき、着陸したが出血が多いので意識が遠のき、自力で降りられなかった。整備員が二人がかりで引きずり出したが、胸もひどくやられて立てないので、戸板にのせられて運ばれた。あとから給油のために降りて来た艦爆の搭乗員たちが、戸板に横たわった血まみれの中村を見て敬礼した。それが目迎目送といって死者に対するものだったから、中村は「いよいよ、オレも死ぬのかなあ」と思った。

看護兵がやって来て胸の応急手当をし、テント張りの野戦病院の宿舎に運ばれた。ここで、やはり負傷して降りて来た同じ二〇四空の坂野隆男二飛曹といっしょになった。多量の出血からともすれば中村の意識はうすれがちになったが、柳谷二飛曹の場合と同じく、激しい痛みが彼を昏睡から救った。

一方、戦場空域では、敵味方二〇〇機近くいた飛行機がすでにだいぶ数が減りながらも、なおも激しい空中戦を展開していた。

渡辺清三郎二飛曹とペアを組んで、二機で飛びまわっていた八木二飛曹は、乱戦の中で宮野隊長機を二度見た。隊長機は翼端が角張ってみじかい三二型（A6M3）で、おまけに隊長機であることを示す二本の白帯が胴体に画かれてあった。これは味方にもよくわかったが、同時に敵にとっても格好の目標となった。そしてこの日、歴戦の宮野大尉はついに帰らなかった。

兵器員相楽孔上整曹は、最後まで宮野隊長機についていた親友杉田庄一二飛曹から聞いた隊長の最期の模様を、宮野隊長の実兄真一氏に、次のように書き送っている。

「――昭和十八年六月十六日、ツラギ、ルンガ泊地敵艦船攻撃艦爆隊直掩のため、戦闘機二四機をもって出撃しましたが、敵の強力な反撃に会って味方に大分被害があり、あらかじめ決められた集合地点に戻って来たのは、宮野隊長をはじめ、杉田君ほか数機だけだったそうです。

　機数が少ないし、集まりがおそいのを心配した隊長がふたたび戦闘空域にもどって行くので、杉田君もすぐあとを追ったのですが、そのとき上方からグラマンが現われ、一瞬にして隊長機の姿は、見えなくなってしまったとのことでした。そのときが、隊長戦死の瞬間だったのでしょう」

宮野善治郎中佐

そうとは知らない八木二飛曹は、基地に帰って副長の玉井中佐に宮野隊長の消息を聞いたところ、帰りが遅いと頭をかかえていたという。

コロンバンガラ島に不時着した中村、坂野両二飛曹は三週間後に、修理成ったゼロ戦二機で明日は帰ろうと思っていたその晩、空襲があって二機とも地上でやられてしまった。それからさらに一週間後、時速六ノットの小型舟艇で島づたいに夜だけ走ってラバウルに帰ったが、そこで宮野隊長戦死を知らされ、生還の喜びからたちまち悲しみのどん底につき落とされた。

六月七日の戦闘で、右手を失ってラバウルの病院に入院中だった柳谷二飛曹は、見舞いに来た戦友から宮野隊長未帰還を知らされ、さらに森崎武中尉も帰らないと知らされたとき、自分の手首を失ったとき以上のショックをうけた。

森崎中尉は高等商船学校出身のいわゆる予備士官だったが、飛行時間も多く、優秀な分隊士として宮野大尉の深い信頼をうけ、士官の少ない二〇四空の士気をふるい立たせる中心人物で、一説には宮野隊長は森崎中尉を案じて、戦場に引き返したとも言われていたほどだ。

森崎中尉は、柳谷たちが山本長官機の直掩隊に選ばれたときの指揮官だった。あのとき以来、強い自責の念に耐えながら必死に戦っていた森崎を、「はやまるなよ」と宮野隊長は何度もたしなめていた。自分が直接参加しなかっただけに、隊長たる宮野は森崎以上に苦しんだはずだが、ともに大きな心の痛手を抱きながら、同じ日に還らぬ人となってしまった。

こうして六機の直掩隊員のうち、わずか二ヵ月足らずで四人が戦死、一人が重傷、残るは杉田庄一二飛曹だけとなってしまった。当時、海軍の間では山本長官の護衛をやった搭乗員は、全部ラバウルで殺されたというウワサが流れた。それは銃殺とか何とかいうことではなく、懲罰的な意味で危険な作戦に出動させ、早く死ぬように仕向けられたというようなウワサだった。実際に柳谷たちはそれまで間隔のあった搭乗割が、山本長官戦死以降は、ほとんど毎回のようになったという。

もっとも、それでなくても搭乗員の数が足りないのだから、ほかの搭乗員たちの出動回数だってかれらにくらべてそれほど差があるわけではなく、ソロモンの空で戦っているかぎり、死から逃れることはできなかったろう。

楠公発祥の地、大阪府八尾市にある野球の名門校八尾中学（大阪府立三中、今の八尾高校）の出身である宮野大尉は、長身、ハンサム、なかなかのスタイリストであり、海軍の軍服がよく似合う好青年だったから、女性の目をひく存在だったらしい。

まだかれが海軍兵学校の生徒だったころ、大阪府交通局の看護学生だった妹の美津子さんに面会に行くと、短剣姿のさっそうとした宮野生徒を一目見ようと、面会室の窓の外は女の子たちで鈴なりだったという。

戦地での宮野大尉は半ズボンにひざまである白いストッキングをはき、ジャワで買った革のサンダルというしゃれたスタイルだった。

「話をするとき、半身に構えるのがクセだったが、それがじつにしぶくて、男でもほれぼれするほどだった。

部下思いで、ごくふつうの上空哨戒にあがるときでも、指揮所から降りて来て、しっかりやって来いよと声をかけてくれた。それが自然で、士官と下士官兵といった階級の差をまったく感じさせなかった」

と、当時の部下八木隆次上飛曹は、宮野隊長について語っている。

独自の四機編制小隊を採用したり、ゼロ戦の戦闘爆撃機的用法を開発したり、さらに小福田少佐と一緒に艦爆隊の犠牲を少なくする直掩方式を編み出すなど、宮野大尉は多くの新しい戦法を生み出した。海軍戦闘機指揮官として卓越した宮野大尉の功績に対し、戦死後、全軍布告二階級特進の栄誉があたえられ、海軍中佐に任ぜられた。単独撃墜数は一六機といわれるが、実際はもっと多かったと思われる。

進化した五二型

ガダルカナルをめぐる激しいつば競り合いもようやく連合軍の優勢が決定的になりつつあった昭和十七年暮といえば、陸軍では一式戦闘機「隼《はやぶさ》」についで二式単座戦闘機「鍾馗《しょうき》」および二式複座戦闘機「屠龍《とりゅう》」がすでに制式機となり、つづいて川崎の試作戦闘機キ61が制式化に向けて急ピッチでテストや改良が進められていた。

しかし、海軍は十四試局地戦闘機（のちの「雷電《らいでん》」）の完成が遅れ、かつゼロ戦の後継機となるべき十七試艦戦（のちの「烈風《れっぷう》」）はその試作名称が示すとおり、この年に計画要求が出されたばかりで、完成のメドは立っていなかった。

こうしたもたつきの間隙をぬって、飛行艇をつくっていた川西が水上戦闘機「強風《きょうふう》」を陸上機に改造した局地戦闘機「紫電《しでん》」の開発を急ぎ、大晦日には試験飛行というところまでこぎつけた。しかし、戦闘機設計に実績のある三菱や中島ならいざ知らず、軽快さや俊敏さにはほど遠い水上機ばかりつくっていた川西の戦闘機とあっては海軍としてもたいして期待はもてず、八方ふさがりの状態だった。

かといって、前線からは量と同時に敵の新鋭機群に対抗できる新戦闘機をという質への要望が強く、こうなっては現在あるものの性能向上で進む以外にないということになるのは理の当然。そこで航続距離をのばすべく三二型から改造されたばかりのゼロ戦二二型をふたたび改造することが決まった。

ゼロ戦は、最初から速度、航続距離、格闘性の完全なバランスを目ざして設計された戦闘機だったから、そのどれかひとつを向上させようとすれば、他の性能を犠牲にしなければならなかった。その犠牲を最小限に押さえるためには、またしても重量増加をギリギリに押さえる超精密設計を必要とし、それでなくても多忙の中で三菱の設計者たちは、みずからの心身をすりへらしてこの困難な作業に取り組んだ。

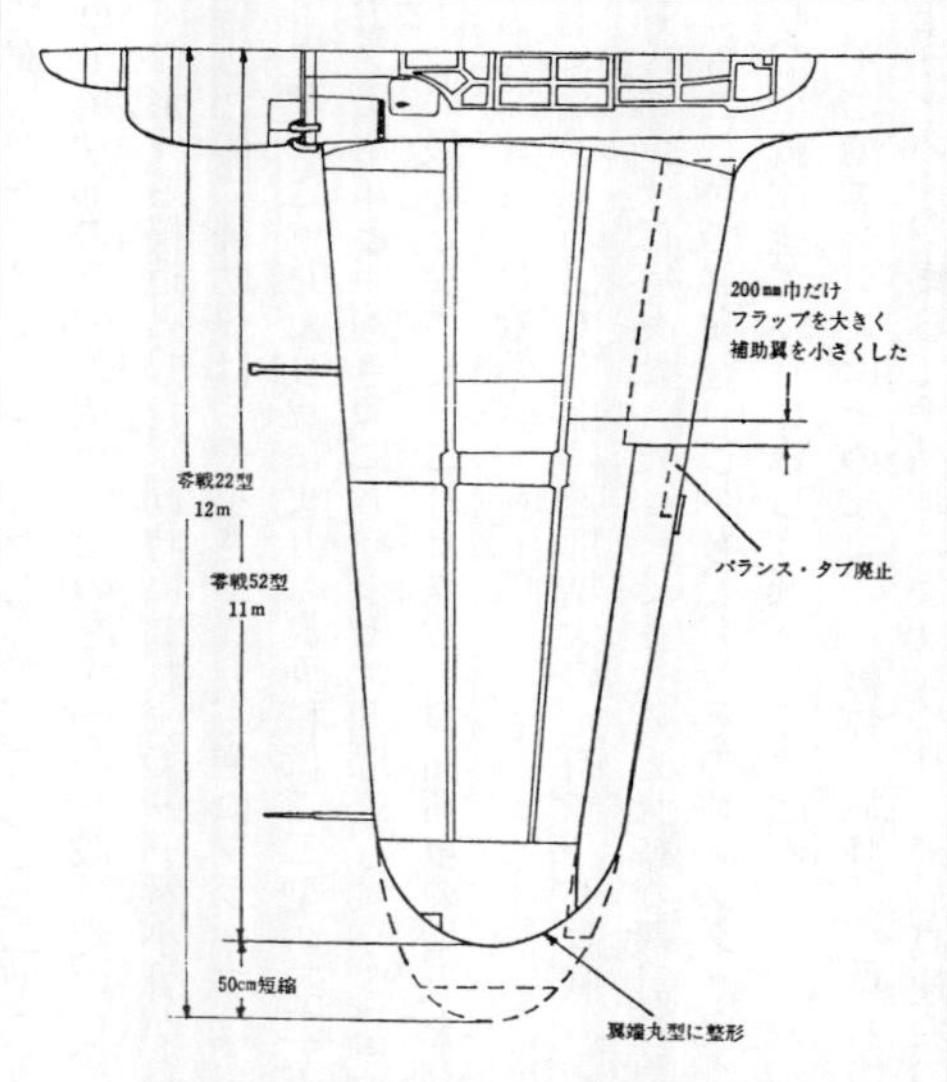

【図32】 22型から変化した52型の主翼

まず機体の方だが、これまで翼端折り曲げをやめたり復活させたりしていたのはすべて翼幅が一二メートルだったためで、これを三二型なみの一一メートルとした。しかも三二型は翼端部のみの改造だったのをすっかり設計変更し、翼幅一一メートルのままで翼端を丸く整形する構造とした。同時にこれまで一一番小骨から外側だった補助翼を一二番小骨からとしたので補助翼はやや小さくなり、逆にフラップはそのぶんだけ大きくなった。

主翼のこうした変更により、翼面積は二二型の二二・四四平方メートルから二一・三〇平方メートルといっきょに五パーセント以上も減り（三二型は二一・五三平方メートル）、これまでの最小となった。これは当然、翼面荷重の増大を意味し、速度および空戦性能に影響をもたらすことになる。

エンジンの出力向上は速度増大の定石で、ゼロ戦もより大出力の別のエンジンに変えれば速度の向上は容易だったが、そうなると大幅な設計変更となってさし迫った戦局の要請に応ずることができない。しかも、もしそのエンジンに変えたことにより重量が大幅に増加したり、空戦性能がいちじるしく低下しては困る。

そこでエンジンはそのままで、機体（胴体）の改造もほとんどやらないで速度を向上させようという、まるで手品師のようなやり方で最高速度の増大がはかられた。その秘密は、ロケット型排気管だった。

三二型、二二型までの排気管はすべて集合排気管といって、一四個あるシリンダーの排気管をまとめて左右二個所の出口からエンジンの排気を出すようになっていたが、これをやめて各シリンダーの排気管をそれぞれ単独に後方に向け、排気エネルギーによるロケット効果

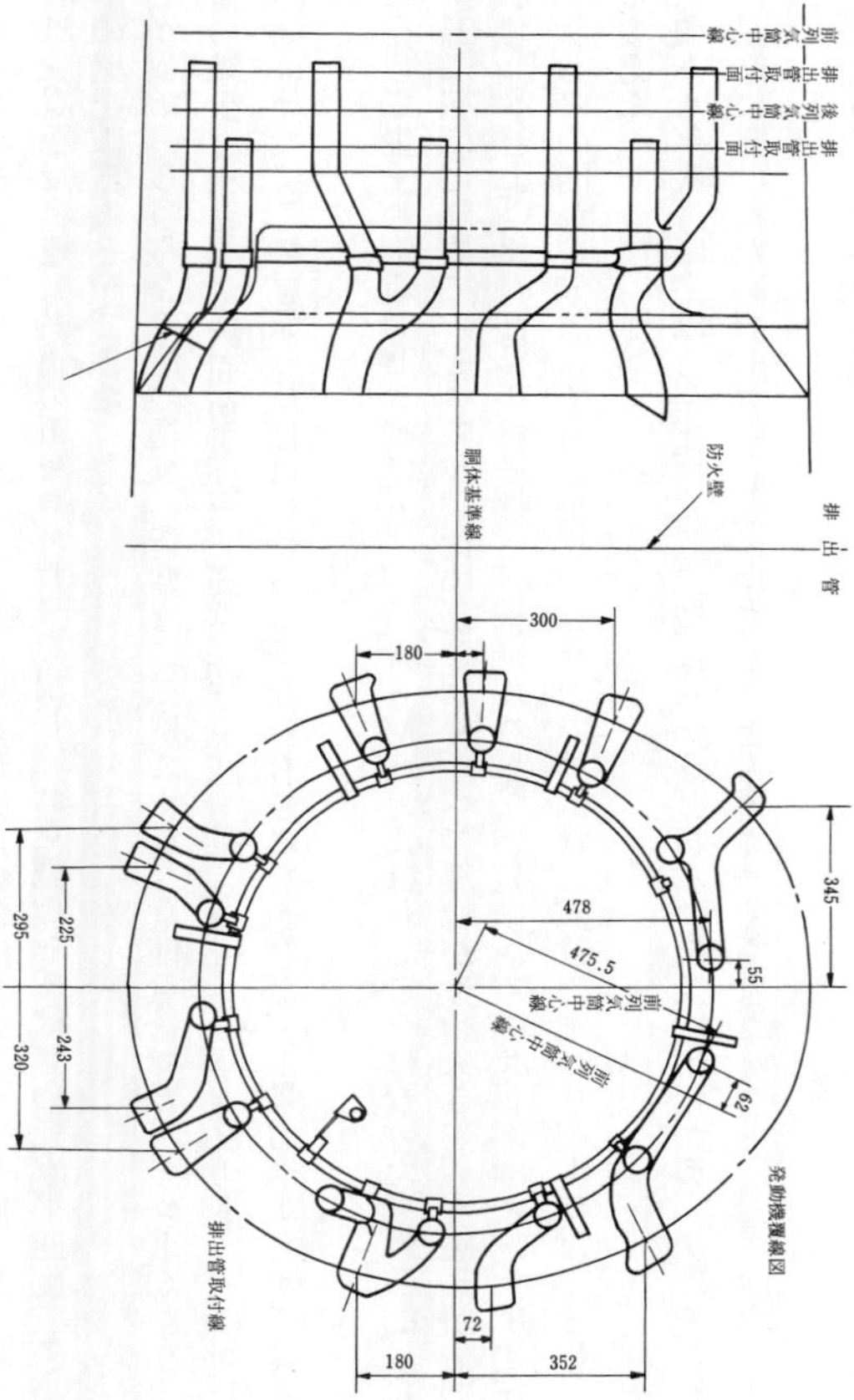

【図33】52型のロケット排気管

を生み出すようにした。

この効果は絶大で、同じエンジンでありながら最大速度はこれまでのゼロ戦各型の中では最高の三〇五ノット（約五六五キロ／時）を出し、ゼロ戦としてははじめて水平速度三〇〇ノットの壁を破ることができた。

こうしたいろいろな改造の結果、新型は二一型にくらべ全備重量で五四キロ重くなり、翼面積の減少と相まって翼面荷重は二一型の約一一〇（キログラム／平方メートル）に対し一二八とふえた。この結果、旋回はややギコチないものになったが、上昇力はかえって良くなったという。

こうして生まれた新型ゼロ戦は五二型、A6M5とよばれることになった。外観的に見ると、五二型はこれまでのゼロ戦が胴体の長さにくらべて翼幅がやや大きすぎる感じがあったのがちょうどよい比率となり、一段とバランスのとれた美しいプロポーションとなり、カウルフラップの間から分散して突き出したロケット排気管は機首のまわりをよりたくましい印象に変えた。

昭和十八年八月に完成したゼロ戦五二型はちょうど日本の航空機生産がピークに達した時期に量産に入ったため、ゼロ戦各型の中でもっとも多くつくられた。

凱歌はあがるラバウル戦闘機隊

西南太平洋方面最大の日本軍要塞ラバウルの前進基地ブインは、ラバウル攻略を目ざす連

プレーンズ・オブ・フェイム航空博物館所有の零戦52型

合軍にとって、目の上のコブのような存在だったし、かれらの前進基地から近いせいもあって、その攻撃は猛烈をきわめた。とくに九月に入ってからは、今日は一三〇機、明日は一五〇機と、この方面で使えるあらゆる飛行機をかき集めて、ブインを叩きにやって来た。

これを迎え撃つわが戦闘機隊は、連日、大きな戦果をあげてはいたものの、補充がほとんどきかない悲しさで、戦力は日に日に弱まって行った。しかも、この乏しい戦力の中から二〇四空がニューギニア方面の作戦に転用のため、十月八日ラバウルに移動、以後は二〇一空だけでブインを守らなければならなくなった。その二〇一空にしても、九月末の戦力はゼロ戦わずか八機、搭乗員二〇名にまで落ち込み、司令の中野忠二郎中佐を嘆かせた。しかし、このころ内地の厚木航空隊で練成された搭乗員たちが、あたらしく採用された四機編成による編隊空戦法と、新鋭のゼロ戦五二型をたずさえて編入され、わずかながら活気を取りもどした。

注目すべきことは、ちょうど同じ時期に、アメリカ側も、新鋭の二〇〇〇馬力級艦上戦闘機で、のちに日本航空部隊にとってもっとも恐るべき敵機となったグラマンF6F「ヘルキャット」が、ギルバート群島の攻撃に登場したことだ。F6F「ヘルキャット」は、F4F「ワイルドキャット」艦上戦闘機の後継機として、グラマン社がわずか九ヵ月という超スピードで開発したもので、その設計にあたっては、アリューシャンで手に入れたゼロ戦の解剖結果を、大いに参考にしたと言われる。

F4Fのエンジンが一二〇〇馬力だったのにくらべ、六〇パーセントも強力な二〇〇〇馬力になり、かなり大型で重い機体にもかかわらず空戦性能は向上した。しかも初速の速い一二・七ミリ機銃六梃の強力な武装は、破壊力はあるが初速、発射速度ともに劣るゼロ戦の二〇ミリ機銃二梃を上まわるものがあった。

ゼロ戦五二型が原型とほとんど変わらないエンジンの改良と単排気管による排気ガスのロケット効果によって、わずかな出力向上をはかったのに対し、ほぼ二倍近い出力のエンジンをもったF6F「ヘルキャット」は、ゼロ戦五二型の最高速度五六五キロに対し、三〇キロ近い優速を示した。しかも、機体の強度上の問題で、ゼロ戦は急降下速度に制限が加えられていたのに対し、「ヘルキャット」はパワーダイブが可能な頑丈な機体だった。いってみれば、持てる国アメリカの余裕と力を、まざまざと見せつけたような戦闘機であった。

なお、F4FとF6Fは全体の印象がよく似ているので、空中での識別はむずかしかった

【図34】ラバウル付近地図

と思われるが、二〇四空の戦闘記録には九月二十五日のビロア湾敵艦船攻撃艦爆隊直掩の際、F6F四機出現とある。

最前線基地ブインにくらべれば、ラバウルはまだ余裕があった。

十月十日頃のラバウルには、トリポイルから転進して来た二〇四空と、飛行隊長河合四郎大尉のもとで奮戦し、ただ一人生き残った分隊長大庭良夫中尉の率いる二〇一空戦闘機隊が、ブカ基地に進出していた中野忠二郎司令のもとを離れて、柴田二〇四空司令の指揮下に入って「イ」戦闘機隊を編成し、約五〇機のゼロ戦を擁して、東飛行場に展開していた。

さらに、ラバウル市街から西南方

のジャングル地帯を切り開いたトベラ飛行場には、九月に内地から進出してきたばかりの新鋭二五三空が、司令福田太郎中佐、飛行隊長岡本晴年少佐のもとで、ゼロ戦六〇機あまりの「ロ」戦闘機隊を構成していた。

このほか西飛行場とよばれたブナカナウには、一式陸攻隊と艦爆隊がいたが、艦爆隊には劣性能の九九艦爆に代わる新鋭の「彗星」が少数ながら進出し、やがてはじまろうとするラバウル大航空戦に満を持していた。

十月十二日、ちょうど東飛行場の二〇一空戦闘機隊が、二〇四空司令柴田中佐の統一指揮下に入った日だったが、まるでこの日に符丁《ふちょう》を合わせたかのように、敵戦爆連合の大編隊によるラバウル空襲が開始された。この敵に対し、二〇一空および二〇四空合わせて第一回九機、第二回二九機が迎撃にあがり、B24、P38連合の約三〇機を攻撃したが、この日はついに一機も撃墜するに至らなかった。しかし、三日後の十五日、柴田司令ラバウル着任後、初の戦果があがった。

ブナ沖敵船団攻撃の五八二空艦爆隊を掩護して、青木恭作飛曹長指揮の二〇四空ゼロ戦隊二四機は、二五三空と合同で早朝にラバウルを発進、ブナ上空で艦爆隊の急降下開始と同時に約六〇機のP38を発見、猛烈な空戦に入った。しかも、あとからP38、P40約四〇機が戦闘に加わり、かなりの苦戦となったが、よく立ち直って反撃を加え、長時間の空戦ののちP38一四機、P40一機を撃墜した。

その後もブナ攻撃がつづけられたが、敵もまたわが航空部隊の本拠をつぶせとばかり頻繁にラバウルに来襲、この方面の航空戦は、いちだんとはげしい消耗戦の様相を呈しはじめた。

そして十一月一日、ラバウル上空での大戦果となった。

以下は、この日の空戦に参加した二〇一空の柴山積善上飛曹の体験記である。


敵機がゼロ戦隊を発見するよりも、ゼロ戦隊がジャングルをはうように飛んでいる敵機の大編隊を発見したほうが一刻はやかったため、指揮官機が突入のバンクを振り、いっせいに攻撃態勢にはいったときには、まだ敵機はわれわれに攻撃をかけるそぶりをみせず、先へ先へとあせるようにラバウルをめざしていた。

零戦52型のコクピット

低空で進攻してきたのは奇襲の狙いはもちろんだが、イチかバチかの勝負にでたのだろう。そのため、上空から一気に敵機群におおいかぶさったゼロ戦隊にとって、初弾を食らわせるのは思いのままとなった。彼らはなすすべもなく、ゼロ戦の二〇ミリ機銃の嵐の洗礼を頭上にみまわれて逃げまどった。優位に立ったわれわれは、まるで赤児の手をひねるようだった。
初攻撃をおえて高度を回復するために操縦桿を思い切り引いたとたん、真下に、濃い緑のジヤングルをバックにくっきりとその姿を浮かべた単機の「コルセア」が見えた。つねづね頑強なヤツと思い、今日こそエジキにしてやるぞと、後ろを振り返ると一機のゼロ戦がピッタリとついている。たぶん予科練同期の青木茂樹（のちグアム基地上空で敵機と交戦中戦死）であろう。同期生はありがたいものだ。

「行くぜ、茂樹！」と大声をはりあげて私は突っ込んだ。一直線に、ただ目にはいるコルセアに全神経をそそぎ、茂樹にあとを頼み、愛機のカウリングを「コルセア」のエンジンの先端に向け（対戦闘機戦闘はあまり照準器を使用しなかった）、えいとばかりに力いっぱいスロットルレバーの引き金を引いた。

曳光弾は「コルセア」の座席に吸い込まれるように、握るレバーに手ごたえがあった。すれ違いざまに私は、敵パイロットの飛行帽をくっきりと左に見ながら急降下した。

まだ十分に高度をとりきっていなかった攻撃のため、ジャングルをかすめるようにして通り抜け、ふたたび高度を取ろうとしたとき、白煙を引いて濃い緑の海原のような密林に消えていく「コルセア」をみた。そして思いだしたようにふりかえったときは、青木はもうそこにはおらず、おそらく「よくやった柴」と高度をとりながら喜んでいてくれているだろうと思った。

「ありがとう茂樹」と、私は思わず足を踏みならしてよろこんだ。

空戦になった南太平洋の空は群がるゼロ戦におおわれ、敵機は優位に立とうとするが、激しいゼロ戦の攻撃に頭をあげればたたかれ、ただ右往左往するのみだった。そんな中で、高度を回復中に後ろを見た私はドキッとした。しかし、つぎの瞬間よく見ると、それが風防についたゴミとわかり安心した。

そのあとだれだかわからないが、私は他機の二番機の位置につき、ゴミの一件ではまだ興奮を押さえることができないまま、しばらくその位置にいた。戦闘機の搭乗員だけでなく爆撃機も同じだが、とくに後方の風防に神経をつかい、念入りにいつでもみがいていなければ、風防ガラスのゴミにも空戦中は敵機と見誤ることがときどきあった。

いつもならば、空戦区域はラバウル湾に移り、敵爆撃機の攻撃をおさえてセントジョージ岬に向かうのであるが、きょうの空戦はこのジャングルの上空を離れることなくつづけられた。あまりにもうってつけの優位戦に敵機はどうしようもなく、一機、また一機とジャングルのなかへ消えていくのみであった。

攻撃方法はまず敵に優位（敵機より高度が高いこと）でなければならないのと、攻撃態勢に入ったのを知られていないこと、後方であること（優位でかつ敵機の後ろから攻める）、この三つがそろえば、あとは敵機が後方より追尾していない限り問題なく撃ち落とせるはずである。

飛行機は水平に飛んでいるとき水平儀の玉が動いていなければ、まっすぐ飛んでいるはずだが、その玉が動いているということは、まっすぐ進んでいるつもりでも、実際には左か右に飛行機が流されているので、これは風速あるいは技術のつたなさである。

だから逆に敵機に襲われ攻撃されはじめたら、退避しながら足と手を逆に操作して玉をすべらせれば、射撃された機銃弾は左右のいずれかに逃れてしまう。お互いに動いており、しかも地上とちがって空中であるがために簡単に弾は当たらない。

対戦闘機戦闘では、とくに敵機との差が一〇〇メートル以下で射撃にはいらなければ、条件がそろっていても、なかなか命中するものではない。巴戦《ともえ》（格闘戦）のように、落とすか落とされるかどこまでも追いかける戦法とちがい、一撃離脱——ヒット・エンド・ランで勝負し、敵機と別れてしまうラバウルの空戦は、攻撃回数こそ多くなるが、落とすことは至難のわざである。

ではなぜ巴戦にてあくまで敵機に食いついて落とさないか。それは大編隊の空戦であるため、巴戦でもやっていようものなら、たちまち敵機のエジキになってしまうからである。虎視眈々とねらう敵味方の数があまりにも多いからだ。

この日の空戦では、敵機をつぎつぎに撃墜したため、ゼロ戦隊の機数はみるみる多くなり、ジャングル上空にエジキを漁るように攻撃の手をゆるめず飛び回るゼロ戦のため、敵機はついに高度をとることができず、密林をこがすB24、キリキリと失速して落ちる戦闘機を置いていつのまにか空戦場は海上に移り、残敵の追撃戦となった。逆に目立って敵機はその機数を減らしていた。

引きあげる途中、まだ逃げ遅れた敵機が帰途につくゼロ戦の群れにつかまり、逃げ場を失ってどうすることもできず海面に突入するものもあった。

地上に降り立つと、指揮所前は戦果に湧く搭乗員、それを聞きだそうとする地上員、撃墜数を記録する分隊長たちなどが語気もあらあらしくしゃべりまくっていた。まだ次から次へと滑走路に降りてくる意気高らかなゼロ戦の勇姿を見ながら、東飛行場は興奮のルツボと化し、爆音が花吹山にこだまして、柴田司令のくゆらすタバコも満足気にまどろんでいた。

二〇四空の記録によると、この日の戦果は不確実も含めて撃墜一二〇機に達し、ゼロ戦隊の圧勝となったが、数日後にはその逆の結果が生じたことも忘れてはならない。それは例のように待ちかまえるゼロ戦隊に地上からの無線（指揮官機は受信機は耳につけているが、列機の多くは通信機は全機搭載しているものの、実際には耳につけていなかった）で、高度五〇（五〇〇〇メートル）と伝えたのを五（五〇〇メートル）と聞きあやまり、全機急降下態勢にはいったところを敵戦闘機に上からかかられて、無念の涙をのんだのだった。奇しくも、このときもやはりこのジャングル地帯であった。

第五章——ゼロ戦の転機

ボイントン大佐撃墜さる

ラバウルでの空の死闘は、いぜんとしてつづいていた。

昭和十八年（一九四三年）十二月十七日を期して連合軍のあらたなラバウルに対する大攻勢が開始され、年が明けて昭和十九年も、正月早々からまるで日課のように敵機がやって来た。

来襲したのはF4U「コルセア」およびF6F「ヘルキャット」約三〇機。これに対してゼロ戦三三機が迎撃し、F6F一機、F4U三機（うち不確実二機）を撃墜した。撃墜されたF6Fのパイロットはアメリカ海兵隊の第一人者、海兵隊第二一四戦闘中隊のグレゴリー・ボイントン大佐だった。

ボイントン大佐は、この日は朝からついていなかった。かれの愛機F4U「コルセア」のエンジンが不調で、スタートが遅れてしまったからだ。

「海兵隊の血できずかれたボロ小屋の中で、わたしは、これでもう一〇〇年もつづいているのではないかと思われる朝食——豆とベーコンを食べていた」にはじまるかれのこの日の記録は、相手側から見た戦闘の印象として興味ぶかい。

――今日の任務は、ジャップのもっとも強力な基地であるラバウルを銃撃せよというもので、この二〇〇マイル旅行の案内人がわたしというわけだ（注、発進基地はかれらが占領したブーゲンビル島タロキナ飛行場）。

二万フィートの雲上を、ブルーに塗った「コルセア」は、アメリカ軍にとってもっとも危険な存在であるラバウル飛行場に間もなく接近する。

――わたしの列機はニューヨーク市出身のジョージ・アシュマンだ。出撃前にかれはこう言ってくれた。

「好きなように撃ってくれ。あとはがっちりカバーするからな」

ラバウルの近くで、しだいに高度を下げた。明るい太陽の下で、グリーンに輝くジャングルが近づく。先頭を飛んでいたわたしは、雲と雲の間を上昇して来るゼロ（ゼロ戦）を発見した。全部で一〇機ほどだが、ダークグリーンに塗られたゼロは、ジャングルに溶けこんでなかなか見分けにくい。わずかにキャノピー（風防）やプロペラの反射が、その存在を教えてくれた。

わたしの任務はラバウル基地の銃撃だが、その前方に出現した敵機を見逃すことはできない。すぐに敵発見を機上電話で全軍に伝え、攻撃を命令した。

「さあ、仕事だ。レッツゴー！」

――一機を撃墜し、最初の攻撃を終えた編隊がそのまま下方へすり抜け、ふたたび全速力で上昇し、上空のゼロの中に突っ込んだ。列機はピタリとついて来る。今や敵味方とも同高度になり、真正面からわたり合うような格好になった。

われわれ二人は、約一〇機のゼロと撃ち合いながら、すれちがった。その結果がどうなったかをたしかめる余裕もあらばこそ、上空から別の集団が舞い降りて来た。はじめは、アメリカ機の編隊だと思ったわたしは、主翼にあざやかな日の丸を見て希望を打ちくだかれた。ゼロは明らかに優勢だった。

わたしとジョージは、降りかかって来るゼロを急旋回でかわしながら、その後尾に食いつくことに成功した。われわれは油断なく互いにカバーしながら攻撃を加えた。

ジョージはグリーン色のゼロを追って、その後上方から連射を加えているが、F4Uの突っ込み速度が速いので、ダークブルーの機体が衝突するかと思った瞬間、ゼロはオレンジ色の炎を吐き、細かい機体の破片が飛び散った。

炎の向こう側に突き抜けたジョージ機の姿が、一瞬、わたしの視野から消え、つづいてわたしも黒煙を抜け出たとき、わたしとジョージの間に、一機のゼロが飛び込んでいた。

「しまった！」

わたしはそのゼロを捕らえるべく、機首を振ったが、それより早くゼロがジョージに射撃を開始した。ジョージは、おそらく気づいていないだろう。かりに後続の機体を認めたとしても、それはたぶんわたしだと思ったにちがいない。

チャンスボートF４Uコルセア戦闘機

ゼロの主翼から、パラパラと空薬莢が流れ落ちる。

「ジョージ、逃げろ！　ダイブだ！」

わたしは必死になって危急を知らせたが、かれからは何の返事もなかった。すでにかれの機体は白煙を吐きはじめ、かなり困難な状態にあることは間違いなかった。

かれのコルセアは、わたしの気持とは逆に急速に減速し、ゼロは第二撃を加えはじめた。

「ジョージ！　ダイブしろ！」

わたしはもういちど連絡を送ると、ゼロを追いはじめた。だが、このときわたし自身が、ジョージと同じ運命に見舞われたのだ。

「ガーン！」

わたしの背中にある装甲板に、巨大なエネルギーが叩きつけられた。わたしは反射的にフルスロットルでダイブに入った。何としても日本機を振り切らねばならない。

ジョージの機体は、今や炎をひきながら海面に落ちて行くが、どうすることもできない。わたし自身もまた、かれと同じ運命にあるのだ。

わたしは知っている限りの空戦技術を使い、Ｆ４Ｕを空中分解寸前まで追い込んで逃げ回った。海面はぐんぐん迫って来るが、ゼロはまだしつこく追って来る。

――（着水した機体から脱出した）わたしはからだに小さなバッグをつけていた。これは救命用のキットで、中にはゴム製のボートも入っていたのだが、ゼロに見つかるのを恐れて、それを組み立てるのは安全になってからにした。

圧縮空気のボンベをあけて、ボートを組み立てたのは、着水後二時間たってからのことだった。からだは完全にバテてしまい、水中で靴や服などを取ってしまったので、冷え切ってしまった。ボートの上にひっくりかえって周囲を見まわしたが、ゼロの姿はまったく見あたらなかった。だが、油断はできない。

――わたしは空を見上げて、唄っていた。なぜか日本機のことも忘れ、のんびりした気分に浸っていた。この広大な太平洋を、どう流されているか知るよしもないが、いずれにせよ、何とかなるさという気持だけで、すべての心配事がこの世から消えてしまった感じだった。

上空には熱帯特有の雲が流れ、それ以外はどこまでも青い空と海だけだった。

着水してから約八時間が過ぎた。太陽は西に傾き、いくらか過ごしやすくなって来た。

「ここはどこだろう？　わたしはどうなるのだろう？」

そんな心配が浮かんで来たが、どうすることもできない身とあれば、ボートの上でひっくり返っているよりほかはなかった。

しかし、運命のいたずらか、わたし自身が気づかないうちに、すぐ近くの海面に浮上した潜水艦が、わたしのボートに近づいていたのだ。艦橋にえがかれた大きな日の丸が、わたしを戦争という現実に引きもどした。（雑誌『丸』第二七四号、峰岸俊明訳編より）

このあと、ボイントンは捕虜となり、ラバウルに送られたが、かれらの搭乗員救出に対する執念は相当なもので、ラバウル周辺には潜水艦を配して海上に降下したパイロットを拾わせたし、飛行艇もまた勇敢にも、ゼロ戦の巣窟《そうくつ》であるラバウルのすぐそばに着水して救助にあたっていた。

その後も連合軍によるラバウル大空襲はつづけられたが、いつものことながら双方の戦果確認にかなりズレがあるようだ。

たとえば一月十四日、連合軍のＳＢＤ（ドーントレス）三六機、ＴＢＦ（アベンジャー）一六機は、ニューアイルランド島上空で待ち構えていたゼロ戦七〇機の壁を突破して、シンプソン港（ラバウル港のかれらの呼び名）の船舶を攻撃したが、執拗なゼロ戦の妨害にもかかわらず爆撃機の損害は皆無で、戦闘機四機、パイロット二名を失っただけと報告されている。

しかし、わが軍の記録では戦闘機、爆撃機合わせて六五機撃墜（うち確実一八機）となっており、これだけの大きな数字の開きが出てくるのは、そう珍しいことではないようだ。もっとも、連合軍側にしても貨物船七隻および駆逐艦一隻に命中弾をあたえたといっているが、実際は一隻も沈んでいなかった。戦闘における戦果確認の難しさを物語る一例だ。

最後の大勝利

南緯四度。東京から南に遠く五〇〇〇カイリのラバウル基地の熱い一日が、この日も始まろうとしていた。

このところ毎日午前一〇時四五分ごろになると、まるで定められた日課のように、百数十機が戦爆連合で来襲した。これを迎え撃つのは二〇四空および二五三空の両戦闘機隊で、一緒に戦っていた同じ戦闘機隊の二〇一空は、連日の激戦に戦力を消耗し、再編成のため二週間ほど前にサイパンにひき揚げていた。

昭和十九年一月十七日。

天候は晴、前夜は降雨のため飛行場は少し柔らかだ。搭乗員たちは待機所の通路の両側に腰をおろし、雑談にふけっていた。先任搭乗員の岩本上飛曹をはじめ、小町一飛曹、遠藤二飛曹、小高、横山飛長らの顔が並んでいた。

「今日も敵さん来るかな?」

横山飛長がもどかしそうな声をあげる。

「今日の敵さんは全機撃墜だ!」

わめくように大声で叫んで、バシッと手を叩いたのは小町一飛曹だった。食欲もあまりないので黎明《れいめい》食を愛機の整備員に食べてもらいながら、空襲の合図を待つ搭乗員たちは、何か落ち着かないようすで、あの瞬間に向けて思い思いに自分を制御しているのであった。それはまさに狂奔《きょうほん》しようとする悍馬の手綱を必死におさえているのに似て、じりじりと身の内を削がれてゆくような時間でもあった。やがて間違いなく来るであろう敵襲。その瞬間までは待たねばならないもどかしさ。それらの思惑をのせて、時は容赦なく過ぎてゆく。

「来るかな？」――誰かがぼそっと呟《つぶや》いた。もうそろそろ来そうなものだと思う反面、今日は来ないかも知れないと思ったりした。いつなん時、戦況の急変があるかもしれぬ最前線基地では、予想はあくまでも予想でしかあり得ない。そのことを皆がよく知っているから、あの瞬間が近づくと誰いうとなく「来るかな？」と不確かなことばが洩れるのだった。

午前一〇時一〇分、セントジョージ岬の監視哨から急報が入った。

「敵戦爆連合二〇〇機、ラバウルに向かう」

間髪を入れず二〇四空司令柴田武雄中佐の〝発進〟命令が発せられ、指揮所わきのポールにスルスルとZ旗が揚がった。サイレンや指揮所の鐘がけたたましく鳴りひびき、待機していた搭乗員たちが、落下傘バンドをつけるのももどかし気に、いっせいに愛機のもとへ走って行く。

たちまち起こるエンジンの轟音が基地をゆるがすとみる間に、はや一機、二機、ついで数機ずつ、前後左右の間隔を適当に開きながら、スロットル全開で滑走路を西方に突っ走る。火山灰層の飛行場は、たちまち全力で離陸滑走する多数のゼロ戦のプロペラ後流が巻き起こすもの凄い土けむりで、後続機の大部分が見えなくなるが、その中を突っ切ってゼロ戦が猛然と飛び上がる。

離陸滑走のちょっとしたタイミングの違いで、土けむりを抜けて視界が開けた途端、すぐ目の前に先に離陸したゼロ戦の尾翼があったり、脇の下から忽然として他機が現われたりする。よくもまあ、これで接触事故が起きないのは不思議というほかはない。

今日の出撃四三機の発進完了はわずか三分足らず。連日の迎撃戦で鍛え抜かれた神技に近い、いつもながらのみごとな緊急発進だ。そして、上昇しながら思い思いに編隊を組み、次第に集結してガッチリと戦闘体勢を固める。

シンプソン湾を大きく左旋回しながら編隊がかなり高度を取ったと思われる頃、南方の台地にあるトベラ飛行場から飛び立った二五三空の三六機が合流して来た。合わせて八〇機近くにふくれ上がったゼロ戦隊は、整然と静かに旋回しながら上昇をつづける。やがて高度六〇〇〇メートル、空も海も藍一色の中を、刻一刻迫る敵機を求めてセントジョージ岬を指向する。ふと下を見ると、空襲を避けて湾外に退避する艦船の白い航跡が、幾条となく湾外に向かっている。

戦闘機隊の迎撃は上がるタイミングがむずかしい。早すぎれば気分的にダレるし、遅すぎれば態勢不十分でどちらも好ましくない。

高度をとり、戦闘準備を整えて「さあ来い」と気分がのって一呼吸してから会敵するのが理想的だ。生粋の戦闘機育ちである司令柴田中佐は、この辺の微妙な戦場心理を良く心得ており、発進の合図をいつ下すかに最大の神経を集中していたのである。

頃合い良し。ゼロ戦の大編隊がガゼル岬にさしかかった時、セントジョージ水道上空に浮かぶ高層の白雲をバックに、おびただしい小さな黒点が発見された。

グラマンＦ６Ｆヘルキャット戦闘機

「敵発見！」

　翼をゆっくり振る指揮官機の合図を待つまでもなく、食い入るように敵編隊を見つめる搭乗員たちを、一瞬、武者ぶるいが襲う。これから食うか食われるかの死闘が始まろうとしているのである。何回戦闘を経験しても、激しい緊張からくる筋肉の痙攣《けいれん》を押さえることはできない。これまで静かだった編隊がにわかに動き出し、四機編成の小隊は二機ずつに分かれて戦闘隊形をとった。キャノピー（風防）の中の酸素マスクも物々しい顔と顔がうなずき合い、ベテランは若手の緊張を解きほぐすべく、「しっかりやれよ」と眼で笑って見せる。

　大編隊同士の行動は単機の場合のように身軽にはいかない。とくに爆撃機をともなう敵編隊ではなおさらだ。高度の優位を持ったゼロ戦隊は、敵の後ろ上方に占位すべく、指揮官機の誘導で大きく左に回り込もうとしていた。

敵はと見れば、爆撃機の上にかぶさるように直掩戦闘機隊、その前方と後ろ上方にさらに戦闘機隊を配し、直掩戦闘機隊は二群に分かれて左右からクロスしながら、いわゆるバリカン運動で爆撃隊掩護に万全を期しているようだ。

こうしている間にも黒点の群れは急速に大きくふくれ上がり、双発双胴のロッキードP38や、逆かもめ型のチャンスボートF4Uなどの特徴ある形が認められるようになったとき、ふたたび指揮官機の力のこもったバンク。いわずと知れた全軍突撃せよの合図だ。

ただちに左下方に敵編隊を見る位置から、指揮官機を先頭に敵編隊に突入し、敵味方合わせて三〇〇機におよぶ大空中戦の火蓋が切られた。攻撃の矢はまず最上段の敵戦闘機隊に向けられ、たちまち数機のP38が黒煙を吐いて墜ちて行った。高度の優位を持ったゼロ戦隊は、位置のエネルギーを生かした攻撃法で降下しては一連射、急上昇をくり返し、そのたびに敵編隊の中から犠牲が出る。しかし、敵も天晴《あっぱ》れ、損害をものともせず、しっかり爆撃機を護《まも》って応戦しながら、編隊を崩そうとしない。

空戦の渦がガゼル岬上空からラバウル地区に移った頃には、敵戦闘機も格闘戦に巻き込まれて爆撃機の護衛が手薄になり、そこをすかさずゼロ戦隊が襲う。そのあと、三号爆弾を抱いた数機のゼロ戦隊が攻撃を加える。大空にパッと白い花が咲いたような黄燐《おうりん》の触角に捕らえられた双発爆撃機が数機、一挙に編隊から脱落した。

目まぐるしく上昇し、降下し、旋回し、眼前に日の丸の友軍機や白い星のマークの敵機が現われては消え、射撃し、後ろを見、ときには敵の射撃をかわすために機体を横に滑らせる。せまい戦闘機のコクピットの中から見た空中戦は、すべてが一瞬のうちに過ぎて行く。

湾内はと見れば、ふだんは静かな海面が撃墜された敵機の描くカラフルな波紋と、爆弾の水柱で修羅の場とかわり、炎上して沈んで行く駆逐艦や輸送船の姿が痛ましかった。

彼我入り乱れての大空中戦は、大きな打撃を受けてバラバラになった敵編隊が反転し、ふたたびガゼル岬を通ってセントジョージ海峡から離脱するまで、一時間以上もつづけられた。嵐は去った。

勝ち誇ったゼロ戦隊が、東飛行場の滑走路上の爆弾の孔を巧みに避けながら続々と降りて来た。タキシングして来る自分たちの受け持ち機に、待ちわびた整備員たちが思わず駆け寄って行く。かれらの整備したゼロ戦が、今しがた頭上で繰りひろげた勇壮な活躍に、みんな目が真っ赤だった。その整備員たちに、風防を開けた搭乗員が指を突き立てて見せた。ある者は二本、いずれも撃墜した敵機の数を示す勝利のサインであった。地味な地上整備員たちの苦労が吹き飛ぶ一瞬で、整備する者と乗る者の心が一つになる感動のシーンでもあった。

この日、ブーゲンビル島方面の多数の基地から来襲した敵機は、陸海軍混合の戦爆合わせて約二〇〇機で、これを迎撃したわがゼロ戦隊の戦果は二〇四空だけで六九（うち不確実一六）、これに二五三空の分を合わせると、じつに八七機（うち不確実一八）に達した。

内訳はP38が四一（五）、F4Uが二四（二）、F4FまたはF6Fが六（二）、その他一六（八）で、これに対するわが二〇四空の損失はゼロ、すなわち二〇四空に限ってみても六九対ゼロという圧倒的スコアとなった。

この日の戦闘での最高の個人撃墜記録は第二大隊第二中隊の小高登貫飛行兵長で、ロッキードP38を三機撃墜した小高は、第二六航空戦隊（二六航戦）司令官酒巻宗孝中将より、司令官賞として清酒三本をもらった。

ところでこの日、二〇四空の戦意が戦う前からとみに高揚したのには、じつはひとつの誘因があった。それは日本映画社のカメラマンが、海軍報道班員として戦闘の模様を逐一撮影することになっていたからだ。自分たちの活躍が新聞にのる、あるいはニュース映画になるというので、みないつもより気合いが入っていたというわけだ。

白いマフラーも凛々《りり》しい搭乗員たちの勇壮な発進のシーンから帰還、指揮所の様子、大きな黒板に書き込まれた各自の戦果を整理し終わってから柴田司令がそれらを全部消し、あらためて撃墜計六九、全機帰着と大書するところや、司令官賞をもらって喜ぶ小高飛長と遠藤二飛曹、仲道一飛曹らの笑顔がフィルムに収められ、ラバウル戦闘機隊活躍のニュース映画として、のちに全国で放映された。

このニュース映画を小高は一年後、内地に帰ったとき、木更津で見た。戦後も二、三度、テレビで放映されたが、若かりし日のことや、今は亡き戦友のことどもを思って、見るたびに目がうるむと語っていた。

トラック島の悲劇

感状　第二〇一海軍航空隊戦闘機隊
第二〇四海軍航空隊戦闘機隊
第二五三海軍航空隊戦闘機隊
「ラバウル」航空基地ニ在リテ連日優勢ナル敵来襲機ヲ邀撃　常ニ寡兵克《かへいよ》ク壮烈果敢ナル攻撃ヲ加へ　昭和十八年十二月十七日ヨリ十九年一月二十四日ノ間　敵戦闘機五五〇機、爆撃機六八機、中型機一八機、大型機一七機計六五三機ヲ撃墜シ　我海軍航空隊ノ声価ヲ中外ニ宣揚シタルハ其ノ武勲顕著《けんちょ》ナリト認ム
仍《よっ》テ玆ニ感状ヲ授与ス
昭和十九年十一月三日
連合艦隊司令長官　豊田副武

これは、連合軍が本格的なラバウル空襲を開始した昭和十八年十二月十七日から翌十九年一月二十四日までの、いわゆるラバウル戦闘機隊全体の活躍に対してあたえられたものだが、この間のゼロ戦隊の被害も少なくなかった。

戦力を消耗した二〇一空は、十九年一月四日、再編成のため中野司令以下がサイパン島に後退し、二〇四空は高岩薫、柴山積善上飛曹ら一部搭乗員を二五三空に転勤させ、小松飛行長以下一一名の搭乗員が一月十一日、一式陸攻に便乗してラバウルを去った。

これが、その後ひと月半足らずの間にラバウルからの航空部隊総引きあげのはじまりであ

ったが、二〇一空とともに五〇一空も去ったラバウルはめっきりさびしくなり、一月十九日現在の戦力は戦闘機八〇、艦爆一五、艦攻一一、陸攻三二、合わせて一三八機となってしまった。しかも搭乗員の三〇パーセントは、戦傷や病気のため出動できず総合戦力は全盛時の半分以下というみじめな状態となった。

そしてさらに、一月二十六日には柴田司令以下山中忠男飛曹長、前田英夫飛曹長、青木茂寿一飛曹、種田巌一飛曹、小高登貫飛長ら五名の二〇四空主力搭乗員が、二六航戦司令部とともにトラック島の竹島基地に後退した。目的は過労または病気のこれら五名の休養かたがた、トラック島に待機していた分隊長佐藤忠雄中尉を含む二六名の、未熟搭乗員の練成を行なうことであった。司令のいなくなった残留隊員たちは二五三空に転属となり、ラバウルからはついに二〇四空の名が消えることになった。

激戦に明け暮れたラバウルにくらべると、トラックはまるで戦争がどこにあるかと思われるような、平和そのものだった。飛行場には新品のゼロ戦が何の防護もなしにズラリと並び、物資は山のようにあるし、外出は毎日できるし、長かったラバウル生活の疲れも忘れるほどであったが、それも束《つか》の間の平穏に過ぎなかった。

二月十六日夕方、肉眼では見えないほどの高空を、敵の偵察機が一機飛び去ったが、ほとんど気にとめるものはなかった。そしてこの夜、竹島基地では慰安のために映画会が催され、全員がひさしぶりの映画を楽しんだが、これが平和なトラックの最後の夜となった。

翌二月十七日早朝、二〇四空司令柴田武雄中佐は木の燃えるバリ、バリッという音に、目をさました。

「何だろう、失火かな？」

ベッドから飛びおり、寝巻きのまま外へ出た。二棟並んだ木造の士官宿舎と搭乗員宿舎のあちこちが燃え、数名の兵隊が柴田のところに集まって来た。とっさに、

「総員起こし！　火を消せ！」

とどなったが、なんでこんな火事が起きたか理解できないままに、柴田は寝ぼけまなこで空を見上げた。すると、高空の白い断雲をバックに、蚊の大群のような敵機が目に入った。

（アメリカ側資料では、五隻の空母から発進した第一波のグラマンF6F七二機中、銃撃隊の二機を除く七〇機）

しまった、奇襲をくらった、と気づいた瞬間、柴田は条件反射的に「戦闘機隊発進！」を大声で発令した。そして大急ぎで軍装に着がえ、小型のZ旗とメガホンを持って、ふたたび外へ出た。

かなりの数の整備員と搭乗員が、列線の方に向かって走って行く。すでにエンジンのかかっているゼロ戦もあった。柴田は走りながら号令台にあがり、Z旗をはげしく振りながら、大声で「上がれ！　上がれ！」と号令した。近くを走って行く搭乗員には、落下傘だけは忘れるなとメガホンで注意した。

早くも飛び上がった一機がいた。昨夜、映画会が終わってから滑走路近くの搭乗員待機所のテントの中で寝、夏島から電話で空襲警報を知らされるとすぐ飛行服に着がえ、真っ先に

飛び出した小高飛長だった。つづいて一機、また一機と離陸、二〇機のゼロ戦が警報発令後五、六分のうちに無事発進を終えた。このうち四機がスクランブル用の全弾装備、あとの一六機は訓練用機で、数十機が三分ぐらいで離陸してしまうラバウルにくらべれば歯がゆいようなものだが、練成中の未熟な搭乗員が大部分とあっては、むしろ速い方と言わなければならなかった。

竹島中央の山のふもとの航空廠のところに、内地から航空母艦で運んで来たばかりの多数のゼロ戦があり、その周囲は関係者や二〇四空の整備員たちでごったがえしていたが、不思議にもゼロ戦は一機も燃えていない。攻撃の皮切りにグラマン二機の銃撃をくらったが、燃料が入っていなかったのがさいわいしたのだ。その流れ弾のとばっちりが、柴田の目を覚ました木造の士官宿舎の火事だった。

柴田は、まだ残っていた搭乗員一一名にも、航空廠のものでもいいから準備できしだい発進するよう命じた。かれは、このまま飛行機を地上に置いてはみすみすやられるだけだから、できるだけ空中に上げ、空戦をしなくてもいいから飛行機を安全に待避させようと考えたのだ。

その後、一〇分ぐらいかかって、ようやく全機発進を終えてホッと一息ついたとき、グラマン一機が、号令台上にひとり立っている柴田を狙って銃撃をはじめた。

「これはいかん」

号令台上にパッと身を伏せた柴田の身辺を縫うように、発射速度の速い六梃の機銃弾が凄《すさ》まじい音を立てて通り過ぎた。すぐに起き上がった柴田の目に、東南方の断雲の中から三機の戦闘機が、ほとんど同時に火焔に包まれて落ちて行くのが映った。

「あっ、あれはゼロ戦だ。せめて落下傘で無事降りてくれるように」

と柴田は祈ったが、ついに落下傘は飛び出さなかった。こうした光景を柴田はその後も二回ほど見たが、大多数が未熟で実戦の経験がないうえに、劣勢からの立ち上がりではどうしようもなかった。もちろん、ときには墜落するグラマンも見られたが、その数はラバウルにくらべれば微々たるものだった。

間もなく、空戦で弾丸を撃ち尽くしたらしいゼロ戦が、つぎつぎに着陸して来た。敵の第一波は露払い役の戦闘機だけだったし、しかもその地上銃撃はわずか二機だったので、地上の被害は少なかったが、空戦による被害は大きかった。

第一回の空戦後、竹島基地に帰って来たゼロ戦は一〇機程度に過ぎなかった。もちろんこのほかにまだ飛んでいたのもあったし、落下傘降下や海上に不時着して救助された者もかなりあった。また、一度降りて来たが、弾丸を補給後、すぐまた飛び上がって敵第一波の戦闘機と再度、空戦したと思われるものも三機ほどあった。この中には、第一回の空戦で敵グラマンF6Fを二機撃墜してラバウルで鍛えた腕を見せたが、ついに未帰還となった前田飛曹長もいた。

結局、第一回に出撃した三一機の搭乗員のうち、一八名の未帰還者を出したほか、かなりの負傷者があった。

このあとも二〇四空は五回にわたって迎撃にあがり、最後にゼロ戦六機が残ったが、それも敵の落として行った時限爆弾で大破し、二〇四空の保有機はゼロになってしまった。

二月二十七日、延べ一〇〇〇機以上によって、終日、荒れ狂ったハルゼー機動部隊の猛攻により、ラバウルの後方基地であるトラック島の基地としての機能は壊滅してしまった。とくに、ラバウル再進出を目ざして練成中だった二〇四空搭乗員がほとんど全滅し、内地から送られて来たばかりの新品のゼロ戦五二型一五〇機を、いっきょに失った打撃は大きかった。これではじりじりと攻め上がって来る敵のソロモン基地群、ニューギニア基地群との強力な〝くるみ割り〟進攻作戦にはさまれて苦戦するラバウルは、とても守り切れるものではない。

そこで古賀峯一連合艦隊司令長官は、ついに航空部隊のラバウル全面撤収を決意し、トラック島への後退を命じた。

「忘れもしない十九年二月二十日、ラバウル総引き揚げの日、ラクナイの飛行場にいた。七五一空の一式陸攻が名残り惜しそうに、重い胴体を引きずるようにして、花吹山と西吹山の上空を何回も旋回しながら、編隊を組んで北方へ飛び去った。

『幾多空の戦友はこの地の攻撃に殉じ、またこの地より出でて還らざりき』

わたしは南京大校飛行場にあった荒鷲の碑文を想いおこしつつ、かれら搭乗員たちの裂けるような無念さが、胸にひしひしと迫り、思わず落涙した」

と、その日の情景を語るあるベテラン整備員の言葉は、そのままラバウル基地に残留した全員の気持を代表するものであった。

昭和十七年二月に台南空が最初にやって来て、ラバウル航空隊が生まれて以来まる二年、多くの航空隊の出入りがあったが、ついにそれもなくなったソロモンの不沈空母は、その栄光ある航空戦の幕を閉じたのだ。

この間、ソロモンの戦いで失われた人員約一三万、艦艇七〇隻、船舶一一五隻、飛行機約八〇〇〇機といわれ、陸海空にわたったソロモンの戦場は、わが陸海将兵や軍属たち、さらに飛行機、艦船の巨大な墓場となったのだ。

菅野大尉、必殺のB29攻撃法

連合軍側がロッキードP38、グラマンF6F「ヘルキャット」、チャンスボートF4U「コルセア」など二〇〇〇馬力級エンジンを装備した新鋭戦闘機群をくり出して来ても、ゼロ戦はなお互格あるいは優利に戦うことが可能だった。もしこちらがやられるとすれば、格段に劣勢の場合か未熟なパイロットが多い場合に限られていた。とくに、低空ではゼロ戦のもつ格闘性のよさが強味を発揮したし、二〇ミリ機銃の威力はいぜんとして破壊力を誇示していた。

しかし、これも相手が戦闘機を含む小型機あるいは双発の中型爆撃機どまりで、四発のボーイングB17やコンソリデーテッドB24ともなるといささかやっかいだった。

乗員を保護する厚い装甲板と、自動的に破孔をふさいで漏洩を防ぐ厚いゴム張りの燃料タンク、それに完備した自動消火装置は、ゼロ戦がいくら二〇ミリ弾を撃ち込んでもなかなか火を吹かないし、落ちもしなかった。逆に敵の強力な火網によって、こちらが被弾することが多かった。

「敵はB24、B17などの大型爆撃機とP38、P40などの戦爆連合でやって来たが、小型機を攻撃して大型機の上にかぶさるようになると大型機に撃たれ、大型機を攻撃にいくと小型機が来るといった具合いで、両者の連係動作がじつにみごとだった。

B24やB17は相当弾丸を撃ちこんでもこたえた様子はなく、いかに落ちにくいかをつくづく思い知らされた」

対戦したあるゼロ戦パイロットはこう述懐しているし、昭和十七年十二月に杉田飛長がB17を体当たりで撃墜したのも、これら大型爆撃機に対する戦闘機パイロットたちの、危険と苦悩を如実に物語っていた。

同じころ二〇四空の森崎中尉指揮のゼロ戦一二機で、空襲にやって来たB17四機を全機撃墜したことがあったが、ゼロ戦隊はガダルカナルへ逃げる敵機を午前七時から八時半にわたり、じつに一時間半も追撃している。これだけの長時間追撃をかけられるゼロ戦もたいしたものだが、恐るべき「ゼロ」一二機の攻撃を、それだけ持ちこたえたB17の強靱《きょうじん》さも天晴れというべきだろう。

これにくらべるとわが海軍の一式陸上攻撃機（旧型の九六式もそうだったが）は、燃料タンクに防弾装置がしてなかったため、敵の一三ミリ機銃弾が当たると、いとも簡単に火を吹いた。搭乗員たちは、あまりよく火がつくので「一式ライター」と、半ば自嘲の意味をこめて呼んでいた。

一式陸攻は双発でありながら、四発機なみの航続距離を要求されたため、主翼全体の構造をじかに燃料タンクとする、独特の方法がとられていた。これはインテグラル・タンクといい、着想そのものはきわめてすぐれていたが、わが海軍に防禦に対する考慮が欠けていたために、防弾や防火の配慮がなされていなかった。もっともそれをやれば、重量増大とタンク容量の減少とで、海軍が要求した航続性能を満足させることは不可能だったにちがいない。

主翼全体が燃えやすい燃料タンクで、しかも防弾や防火の装置がないとあっては、アメリカ戦闘機の一三ミリ焼夷弾は、まさにライターの火つけ役となった。だから、

「今日は出撃したが、誤報で命びろいした」

「何しろモロいから、出撃したら最後、オレたちは絶対に生きて帰れない」

といった陸攻搭乗員たちの言葉が、それを如実に物語っていた。

一方、ゼロ戦の搭乗員たちは、

「敵さんは卑怯だ。防禦が厳重で、いくら撃ってもさっぱりこたえない」

「あんなの、武士道に反するよなあ……」

と冗談まじりに話していたというが、両軍爆撃機の防御力の差が、ガダルカナルの攻防をめぐる日米両軍の補給戦に大きな影響をもたらした。敵補給艦船部隊に対する攻撃に際し、相手側の戦闘機や対空砲火による被害の少ない方がよりダメージをあたえることができたか

らだ。

ラバウルでは、三号爆弾という対爆撃機用の特殊爆弾が使われたこともあった。この爆弾はゼロ戦の左右翼下に取りつけられ、前方から、あるいは敵機を追い越して前方に出て急反転するかして反航しながら敵編隊の上空から落とすようになっていた。

三号すなわち三〇キロの小型爆弾だが、中に多数の黄燐弾子が入っており、投下されると時限装置によって数秒後に爆発し、内部の弾子が傘状にひろがって敵編隊の上におおいかぶさるようになっていた。

ひろがった黄燐弾子は敵機に命中すれば燃料タンクを破り、ガソリンに着火させるもので、その構造は厚さ五ミリ、直径二〇ミリ、長さ三〇ミリくらいのスチール・パイプの中に糸巻き型の鉄片を入れ、爆発と同時にその圧力によって変形して中の黄燐が飛び散りやすいようになっていた。

三号爆弾が爆発するさまはちょうどタコの足がひろがるように見えたので、別名「タコの足」ともよばれた。

この爆弾は敵編隊の前方約一〇〇〇メートルの高度差をもって投下するようになっていたが、ちょうど敵編隊上空で爆発するよう高度差と時間的なタイミングを直感的に判断しなければならないため、当たれば威力は大きかったが、めったに成功しなかった。

それでもラバウルではB24をいっきょに四機落としたこともあったが、相対速度一〇〇〇キロ近い（秒速約三〇〇メートル）高速ですれちがうことを考えれば、いかにむずかしいか理解できよう。とくに相互の飛行速度が向上すればするほど命中率は低下するので、戦闘機の機銃による大型機撃墜がふたたび真剣に研究されるようになった。

その結果、難敵B24やB17に対し、それまでの後上方あるいは前下方よりする攻撃法にかえて〝垂直攻撃法〟という、危険だがこちらが敵の防御砲火にさらされる率がもっとも少ない方法が編み出された。

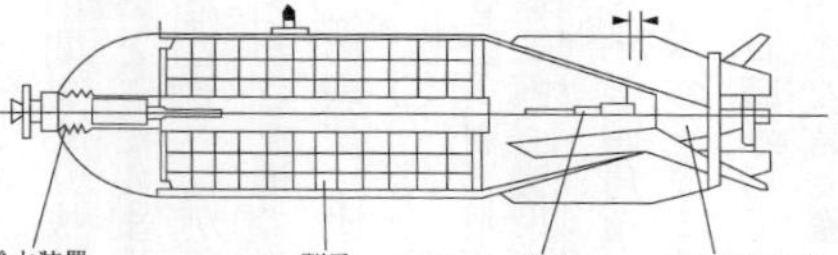

【図35】飛行機攻撃用爆弾

この方法は、まず目ざす敵爆撃機の上空で、その敵機を追い越してずっと前方に出、攻撃する敵機に対して急反転し、垂直にダイブしながら機銃の猛射を加える。この間の敵の爆撃機の銃座の動きは、前方からやって来るゼロ戦を発見してまず機首の銃座が射撃を開始、だが相手角度の変化が急なためにすぐ死角に入ってしまい、次に上部銃座で射撃しようとしても銃座の向きを急激に変えなければならないため、射撃時間はごくわずかとなり、しかもその精度はひどく低いものとなってしまう。

攻撃するゼロ戦の方は弾丸を撃ちながら敵機と直角に交叉するように落下し、ふたたび機首を上げて下方から攻撃するという方法だ。

この戦法は最初B24に対して試みられ、上部および尾部銃座が直上を射撃できないという弱点をついて成功した。また、弾丸そのものに加速度がつくので威力が倍加する。

だが、この方法は下手をすると敵機と交わるときに衝突する恐れがある。また、うまく敵機の間をすり抜けたとしても、垂直降下のものすごい加速度のために引き起こしに気をつけないと、そのまま墜落する恐れがある。

たとえそれが危険なワザであろうとも、あえて〝虎穴《こけつ》に入らずんば虎児《こじ》を得ず〟のふるいことわざを地でいった、いかにも日本の戦闘機乗りらしい戦法であった。

この戦法によってB24ならぬより大型のボーイングB29超重爆撃機をはじめて撃墜したのは、二〇一空分隊長菅野《かんの》直《なおし》大尉指揮の四機のゼロ戦隊だった。

菅野大尉は戦死した二〇四空隊長の宮野善治郎中佐（戦死後、二階級特進）より五期あとの兵学校七〇期出身だが、持ち前の豪胆《ごうたん》さと天才的なひらめきによる独特の空戦法によってめきめき頭角をあらわし、のちに「紫電改」の三四三空編成にあたっては司令の源田実大佐が、いの一番に目をつけたほどの優秀な戦闘機隊長だった。

ゼロ戦隊捨て身の垂直降下法による初のB29撃墜は昭和十九年七月二十一日、アメリカ軍のグアム島上陸に呼応して行なわれたヤップ島上陸のさいに記録された。

——このころヤップ島では、七月十日の改編によって第二〇一海軍航空隊（二〇一空）に編入された、元第二六三海軍航空隊（二六三空、豹《ひょう》部隊）の零式戦闘機四機が、全長一四〇〇メートル、幅六〇メートルのヤップ島第一飛行場を離陸しようとしていた。

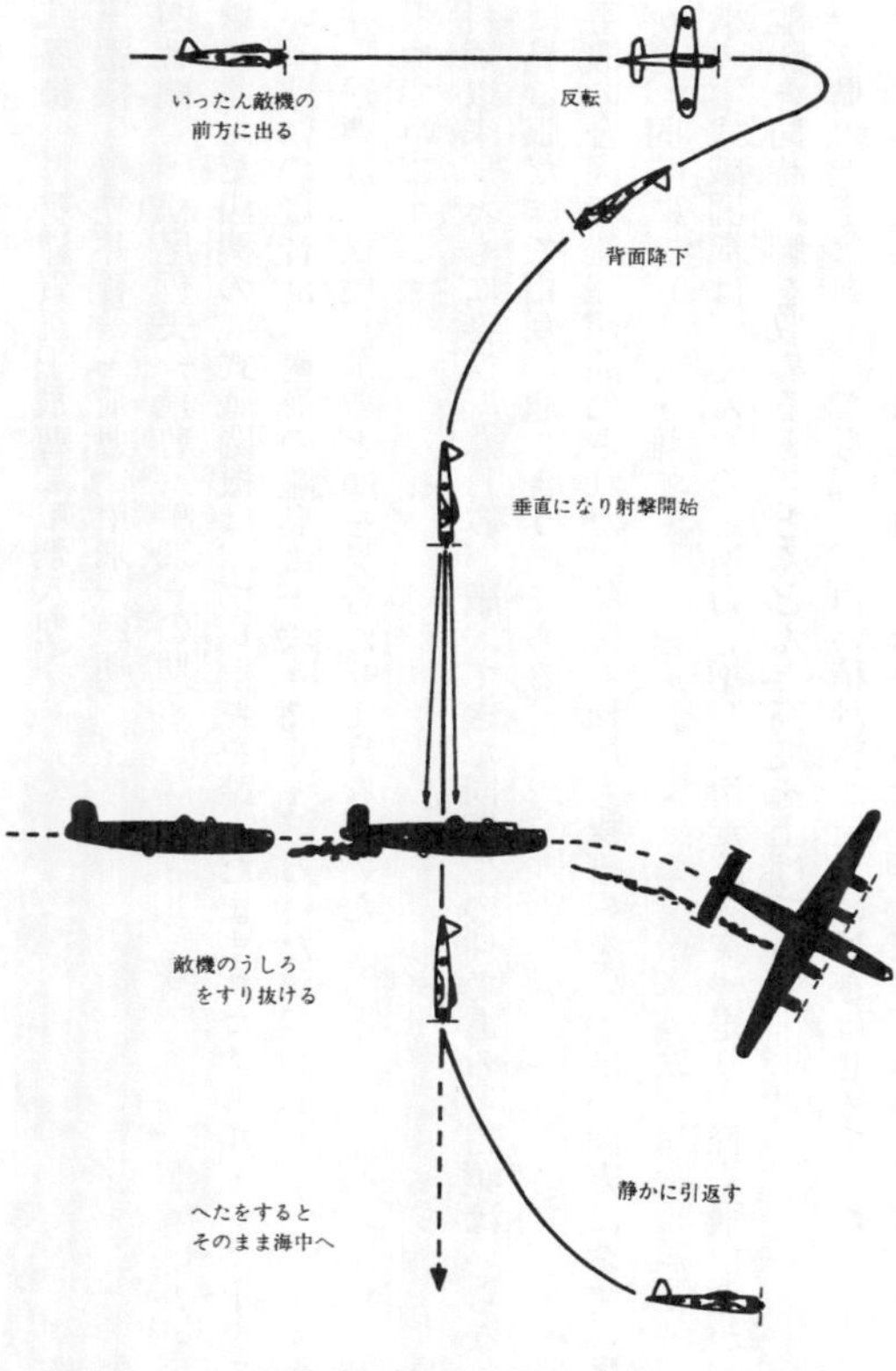

【図36】零戦による大型機攻撃法の一例

これはダバオより十九日に更新機として届いたばかりの新品である。

一番機　菅野直大尉

二番機　勢津賢三上飛曹（甲飛八期）

三番機　笠井智一一飛曹（甲飛一〇期）

四番機　松尾哲夫一飛曹（甲飛一〇期）

列線に並んだ四機の零式戦闘機は、ブレーキを踏んだままスロットル・レバーを入れる。全速いっぱいの爆音は、南海の離島に一段と高くとどろいた。

笠井一飛曹は、松尾一飛曹と顔を見合わせてうなずいた。

「頑張っていこう！」

予科練以来、ともに喜び、悲しみ、戦ってきた同期生の仲である。言葉はいらない。風防ごしに見る眼だけで相互に通じ合うのである。

一番機の合図で離陸が開始された。笠井も松尾も操縦桿をいっぱい前方におす。尾翼が持ちあがり、同時にブレーキを離す。

四機の零式戦闘機は、ぐんぐんと速力を増して滑走路を突っ走り、軽く飛び上がった。そして離陸と同時に脚を収めると、どんどんと高度を上げていく――。

ヤップ島の上空はあくまでも青く、白い積乱雲が遠くに湧きはじめていた。

笠井は、爆音も正しく、回転、油圧、燃料等の諸計器も正常に作動しているのを確かめると、絵の島、踊りの島と言われるヤップ島を見下ろしていた。

ヤップ島は、八つの大小の島からなっている。東方にはウルシー環礁、西南方にはパラオ島があるが、いずれも遙かな距離であって、いわば南海の孤島である。

飛び立ってきた第一飛行場は、あいつぐ空爆に荒れ果ててはいるが、まだ深い緑の南洋樹木の中に白い空間をつくって、滑走路と一五〇〇メートルにおよぶ運搬路、そして一七機分の飛行機置場がある。それから建設中の第二飛行場（トミル）、アミオンスの水上機基地、アラカベサンの水上機基地、バラバット、マップの海岸陣地、コロニーの無線台等が箱庭のように美しく見えた。見上げれば、早朝から上空哨戒に飛んでいる二機の零式戦闘機が、銀翼を輝かせて旋回している。

飛行高度五〇〇〇メートルを越えると空気が稀薄となり、酸素が欠乏してくる。笠井は酸素マスクのコックを開いた。このとき地上の対空見張用電探は、敵大型機の接近を報じてきた。

ヤップ島、パラオ島は、連日のようにB24「リベレーター」爆撃機によって空襲されていた。それも一一二四から一一三四の間に定期便のようにきまって来襲してくるものだった。

四機の零式戦闘機は、旋回をつづけながらさらに高度をとってゆく。

飛行高度七〇〇〇メートル。

各機ともOPL照準器を点灯した。これはスイッチを入れると正面の半透明ガラス面に敵機の影が浮かび上がるという日本海軍自慢のものである。そして七・七ミリ機銃に弾丸を装塡、翼の二〇ミリ機銃の安全装置をはずした。

いよいよ南海の大空を舞台として生死を分ける〝待ったなし〟の戦闘がはじまるのだ。笠井は、四番機の操縦席をうかがってみた。そこには〝必墜〟の決意を両眼に輝かせた同期生松尾の黒い顔がうなずいていた。

澄みきった空の青さのなかにキラリキラリと白く光るものが見え、ぐんぐんとヤップ島上空に接近してきた。アメリカ軍大型機の二群二〇機の編隊である。だが、この大型機はこれまで幾度か相見えてきたB24「リベレーター」爆撃機とは形が異なっていた。一番機の菅野直大尉は電鍵を叩いて〝新大型機〟の出現を基地に報告した。この新大型機、これこそ日本人にとっては忘れることのできない超重爆撃機ボーイングB29「スーパーフォートレス」で、ヤップ上空にはじめて姿を現わしたのだった。

攻撃はB24に対すると同様に直下法、直上法で開始された。四機の零式戦闘機はスロットルを全開にして突撃していく。攻撃の順序は、一番機、三番機、つづいて二番機、四番機である。

笠井一飛曹は直上法、松尾一飛曹は直下法ではじめて見る巨大な敵機に迫っていった。先に上がっていた富田一飛曹たち二機も攻撃を開始した。たちまち六機の零式戦闘機の周囲に激しい弾幕が張られていく。

照準はよし、距離もよし、笠井は翼の二〇ミリ弾を思い切り叩きこんだ。

ダダダダダ……。二〇ミリ弾がB29に吸い込まれ、翼にも胴体にも大きな穴があいていく。

〝超空の要塞〟ボーイングB29スーパーフォートレス爆撃機

だが落ちない。急所をそれているからなのだ。

敵の弾道を回避しながら第二回目の攻撃を開始する。撃つ、当たる、だが落ちない。笠井はあせってきた。さらに一撃を加えた。こんどはB29の機体から白い煙が出た。燃料を噴き出したのだ。

「やった！」と、切りかえして確認しようとしたとき、四番機の松尾が猛然とB29の胴体下にもぐりこんでいくのが見えた。（甲飛一〇期会編『散る桜・残る桜』より）

このとき松尾機はすでに被弾して空中火災を起こしていたがそのまま攻撃を続行し、一機を撃墜したあと、折から海上に浮上していた敵潜水艦に体当たりして自爆、これにも損害をあたえるという二重の戦果をあげた。

菅野編隊より先に上がっていて戦闘に加入した二機のうちの一機富田一飛曹も攻撃中に被弾

して猛火につつまれたが、燃えさかる機を巧みに操って敵二群の指揮官機に体当たりして撃墜、これまた壮絶な最期を遂げた。

この二人の死に対し、二階級特進で飛行兵曹長に任ずる栄誉があたえられたが、このことは敵の強力な新戦力であるB29に対して、もはやゼロ戦では、まともな攻撃法では歯が立たないことを意味した。にもかかわらず、ゼロ戦に休息はなかった。後継機の「烈風」はまだ試作機の段階、そして川西航空機の「紫電改」も実用テスト中とあっては、当分、ゼロ戦でつないで行くより有効な手段はなかったのである。

第六章——落日のゼロ戦

られていた。

五二型以後

ゼロ戦が戦場で次第に優位を失ってゆく中で、その改良と性能向上の努力が懸命につづけられていた。

当時、海軍で審査中で、ゼロ戦の役割の一部を肩代わりするはずだった局地戦闘機「雷電」の実用化が遅れる見通しになったことから、まず五二型をもとにその改良型が作られた。

当時の日本の飛行機には、昭和のはじめ頃にドイツから導入された「ワグナーの張力場理論」を応用した機体構造設計法が盛んに用いられた。頑丈な骨格や枠組みで外力に対抗させるのではなく、外皮にも強度をもたせるようにして全体をしなやかな構造としたものだ。

北風と太陽の寓話がある。旅人の着ているマントを脱がせようと北風は吹きまくったが、旅人が身を固くしたので失敗し、じわーっと照りつけた太陽が脱がせるのに成功したという話である。柔よく剛を制すのたとえで、やたらにがっちり作るばかりがいいとはいえない。

このやわな構造のため、ゼロ戦は急旋回などで強いGがかかると主翼にスーッとしわが寄ったが、荷重が去れば元に戻った。おそらく胴体も同様のはずで、この構造は機体を軽く作るためにはきわめて有効だった。ところが旋回のGに対しては十分だった機体の剛性も、急降下のような絶対強度を必要とする運動に対しては不十分だったので、主翼外板の板厚を後縁部分を除き一様に〇・二ミリ増やした。

わずか〇・二ミリとはいえこの効果は大きく、空中分解を避けるためそれまで三六〇ノット（六七〇キロ／時）に制限されていた急降下速度が四〇〇ノット（七四〇キロ／時）に上がり、敵機追撃にせよ避退にせよ、パイロットは安心して突っ込めるようになった。

これが五二型甲、A6M5aで昭和十九年三月に生産に入ったが、すでに二〇四空をはじめとする戦闘機隊がラバウルから撤退したあとで、大事な急場に間に合わなかった。

五二型乙、A6M5bは五二型とほぼ同時に試作が進められたもので、主な改良点は胴体内七・七ミリ機銃二梃のうち、右側の一梃を一三ミリに改めて武装を強化するとともに、主翼内および胴体燃料タンクに自動消火装置を装備した。しかし、この時点でもまだ防弾タンクや操縦席後方の防弾鋼板などは取り入れられておらず、次の五二型丙でようやく実施された。

胴体内の七・七ミリ機銃二梃のうち一梃を一三ミリに変えた五二型乙では、まだ火力不足ということから、主翼内二〇ミリの外側にさらに一三ミリ機銃を一梃ずつ追加し、同時にこれまでの懸案であった操縦席後方の防弾鋼板取り付けも要求された。しかも主翼下面に小型ロケット弾を携行できるようにする要求も加わったので、この改造はこれまでの中でももっと も困難なものとなった。

なぜなら、これらの改造は当然のことながらかなりの重量増加となり、エンジンの出力増加なしにこれらの改造をやれば速度、上昇力だけでなく、ゼロ戦の特長である航続力ならびに空戦性能などすべての性能が軒なみ低下することは目に見えていたからだ。

さらに、重量増加と主翼装備の変更は機体の強度に不安をもたらし、せっかく五二型甲で四〇〇ノットに向上した急降下制限速度をふたたび引き下げなければならなくなる。これを避けるためにはまたしても機体の補強を必要とし、それがさらに重量増加につながって性能にひびくという悪循環をもたらすことになりかねない。

しかも軍側では改造に日数を余分に必要とするエンジンの変更は認めないというのだから、無理もいいところだった。ただ、ひとつの希望はあった。それは水メタノール噴射を行なうことによって出力増加が期待される「栄」三一型エンジンの実験がかなり進んでいることだった。

火急の、それも戦争とあれば少しでも望みのあることは何でも利用したい。そこで、防火壁直後にあった六〇リッター入り胴体内燃料タンクの代わりに水メタノール・タンクを取りつけ、航続力を補うため、操縦席のうしろに一四〇リッター入り燃料タンクを新設した。

なお、この燃料タンクは、ゼロ戦としては初の本格的な防弾タンクとなった。

これらの改造の結果、機体の重量は約三〇〇キロもふえたのに肝心の「栄」三一型の完成が遅れたためにエンジンはもとのままとなり、当然のことながら性能はかなり低下した。また、翼面荷重もゼロ戦二二型の一二〇に対して一五〇近くとなり、かつてゼロ戦二一型や二二型を操縦していたあるベテラン・パイロットが、「ひさしぶりにゼロ戦（五二型丙）に乗ってみて、ゼロ戦もこんなにギコチない飛行機になったかとがっかりした」と嘆いたほど、ゼロ戦特有のなめらかな操縦性は失われてしまった。

この型は五二型丙、A6M5Cとよばれたが、この後遅ればせながら完成した水メタノール噴射の「栄」三一型エンジンを搭載し、主翼内燃料タンクも自動洩れ止め式の防弾タンクとしたものが一機試作された。

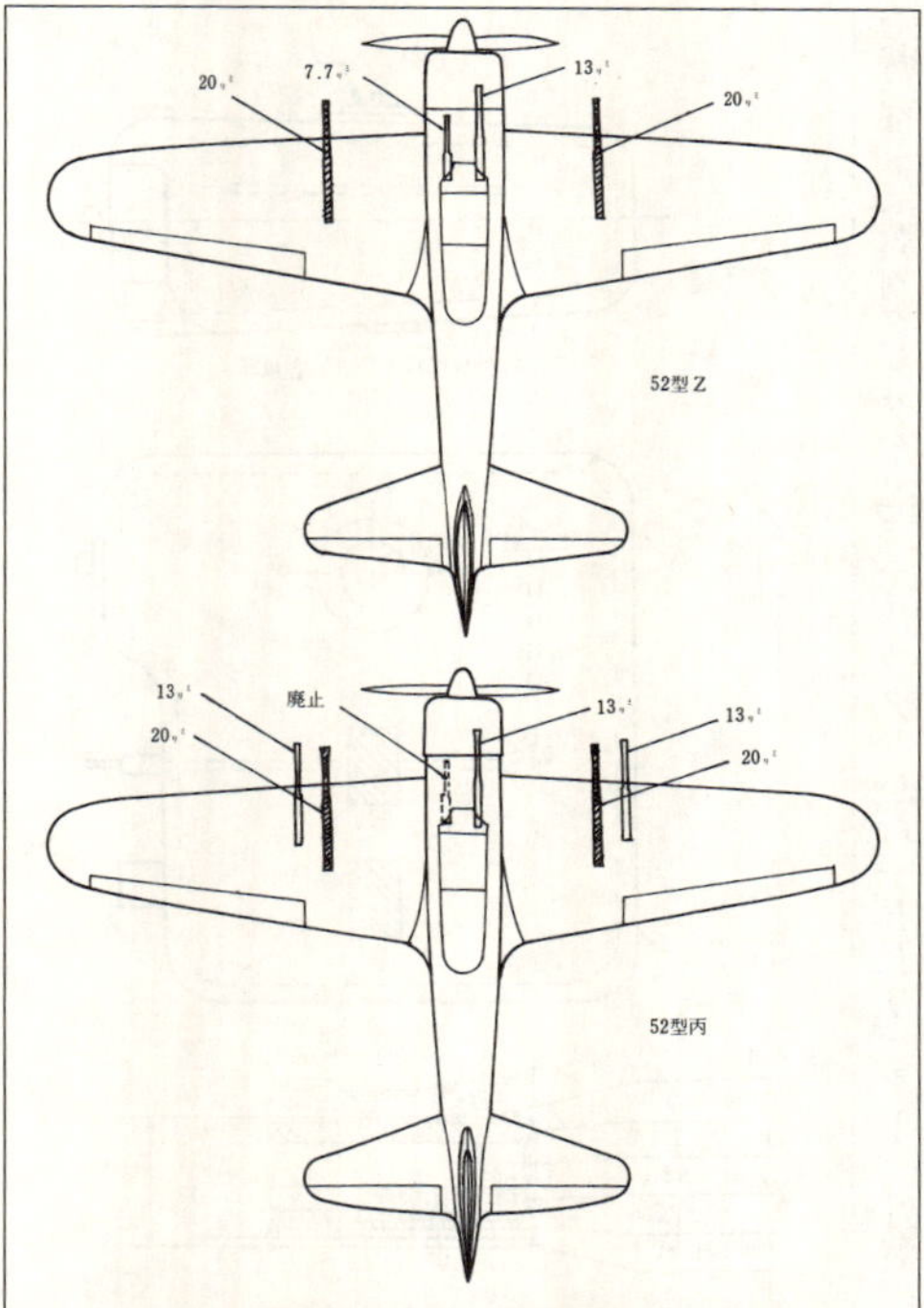

【図37】零戦52型乙と52型丙の武装比較

自動洩れ止め式防弾タンクはアメリカではずっと以前から使われていたものだが、ゼロ戦の

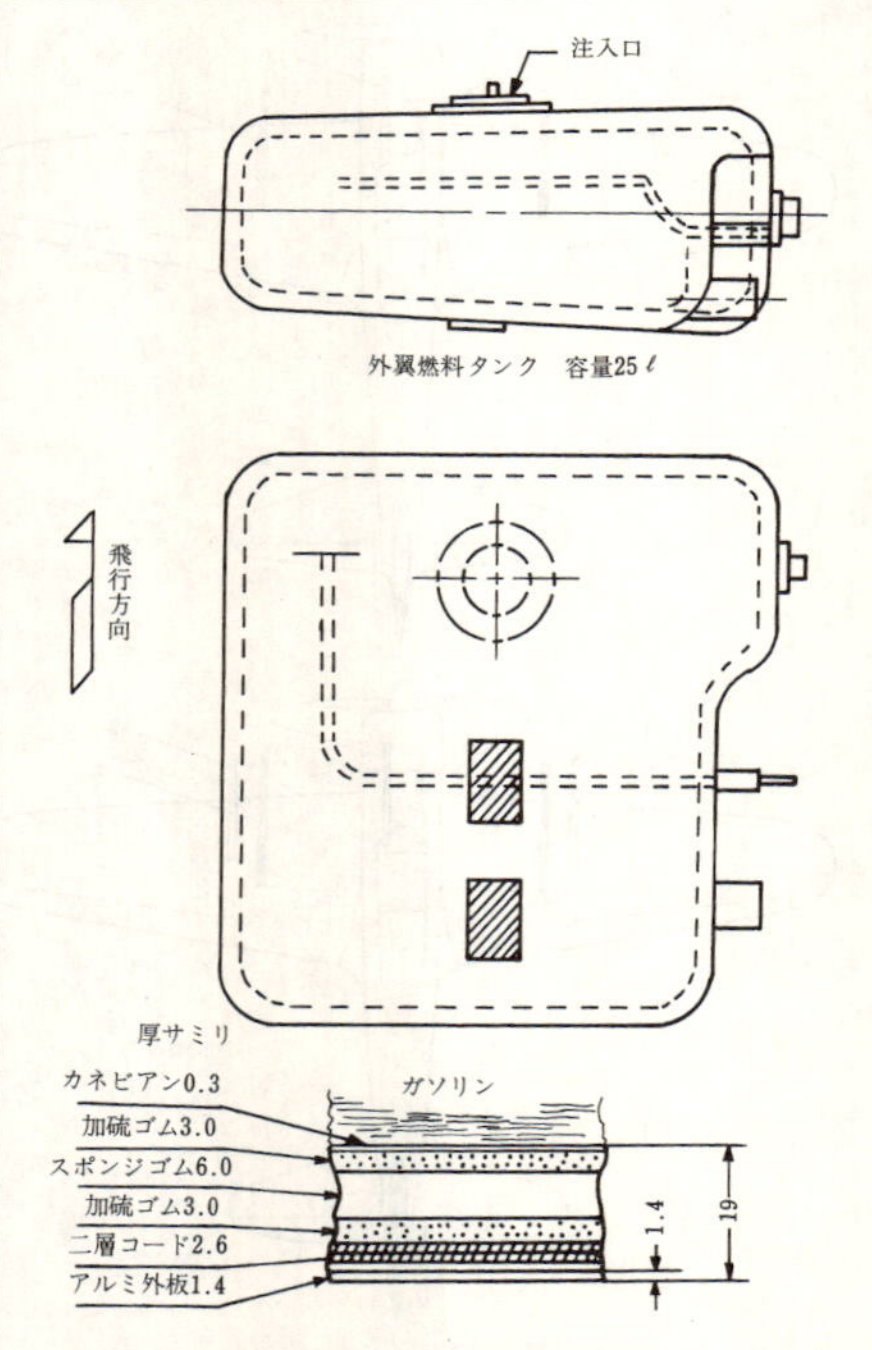

【図38】自動洩れ止め式防弾タンク構造

は図38のように約一八ミリの厚さに何層ものゴムを重ねてタンク内側に貼ったもので、弾丸が当たって孔があくと、ガソリンで内装のゴムが溶けて自動的にふさぐようになっていた。このためタンク内の実質容量は翼内タンクが二三〇リッターから一五五リッター、外翼内タンクが六〇リッターから二五リッターと激減し、重量増加を忍んで別に胴体タンクを新設しなければならなくなった。

　水メタノール噴射というのは、いってみればカンフル剤みたいなもので、エンジンの吸気管内に水とメタノールの混合液を直接噴射して、一時的に酸素量をふやすと同時にこの液の

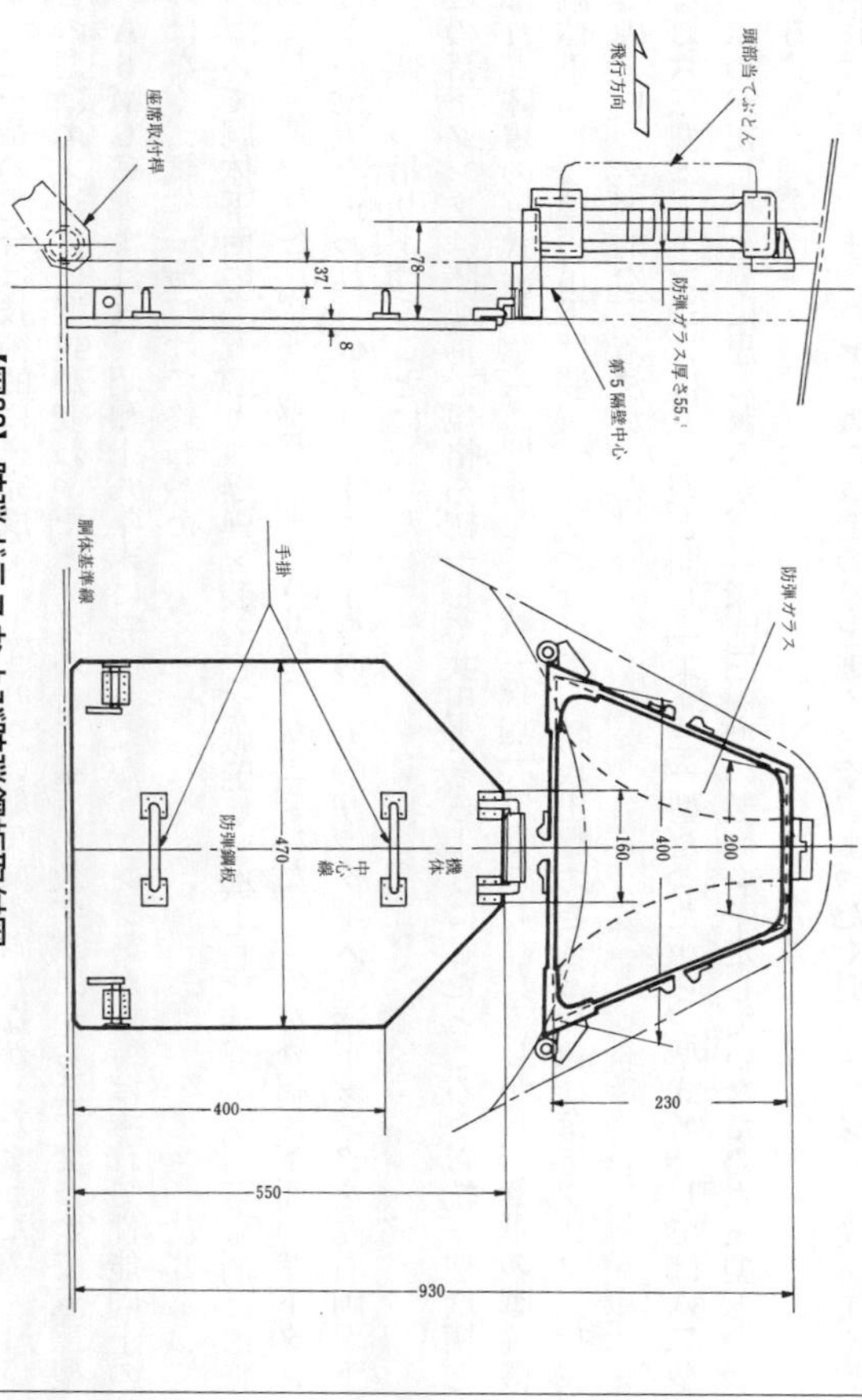

【図39】防弾ガラスおよび防弾鋼板取付図

冷却効果によってシリンダー温度の異常上昇を防いで出力増加をはかるのが狙いだったが、「栄」三一型の場合は技術的に未完成で、あまり良い結果は得られなかったようだ。

この型はエンジンの型式が変わったところから二番目の数字が二から三に変わって五三型丙、A6M6Cとよばれ、昭和十九年末に完成したが、エンジンが期待はずれで性能向上の望みはなく、試作一機だけで終わった。

つづいて胴体下面に二五〇キロ爆弾を装着して戦闘爆撃機として使うため（実質的には特攻機として使われた）のゼロ戦六三型、A6M7が生まれた。このため胴体下面の落下タンクはその位置を追われ、代わりにずっと小型の一五〇リッター入り落下タンクを左右両翼下面に一個ずつ吊り下げることになった。

この落下タンクは陸海軍で規格を統一して共用できるようにしたところから統一型増槽とよばれ、陸軍の一式戦「隼」、同じく三式戦「飛燕」にも使われた。しかし、陸軍の戦闘機は胴体下面に爆弾の吊下げ装置がなかったので、特攻出撃のときは片翼に落下タンク、片翼に爆弾という変則的な装着法だった。

なお六三型は、エンジンは五二型と同じ「栄」二一型だったから、型式名としては六二型とよぶのが正しいように思われるが、「栄」三一型の装備を予定していたため六三型となっている。

最後に、行きづまったゼロ戦の改造の壁を破るべく、まったく別のエンジンに換装する改造が行なわれた。すなわち、中島製の「栄」二一型に代わって最高（離昇）出力一五〇〇馬

【図40】零戦各型の変遷と名称

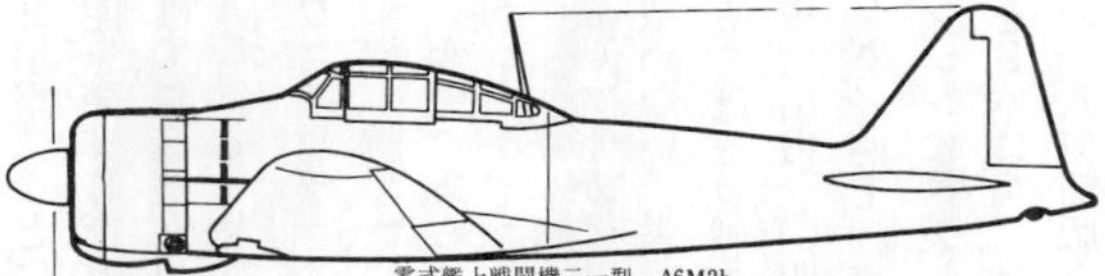

零式艦上戦闘機二一型　A6M2b

一一型A6M2a　の翼端を折り曲げ式として二一型となったが、エンジン変更にともない胴体の防火壁185ミリ後退させ、翼端を500ミリ短縮して角型とし、機体をかなり変えたので一番目の数字が二から三に変る。

エンジンを栄一二型950馬力から栄二一型1100馬力に換算したので二番目の数字が一から二に変る

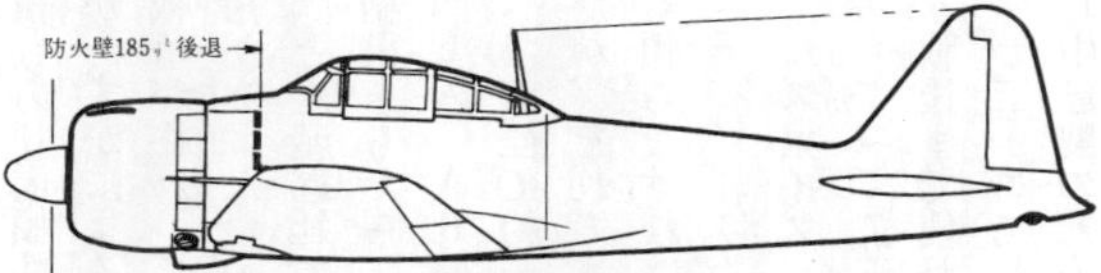

零式艦上戦闘機三二型　Ａ６Ｍ３

エンジンは変らず、翼端を丸く整型としたほか、20ミリ弾倉をベルト給弾式としたので主翼にかなりの変更があった、したがって一番目の数字が三から五に変った。四二型というのはないが、三二型の主翼を二一型と同じものにした二二型がある。

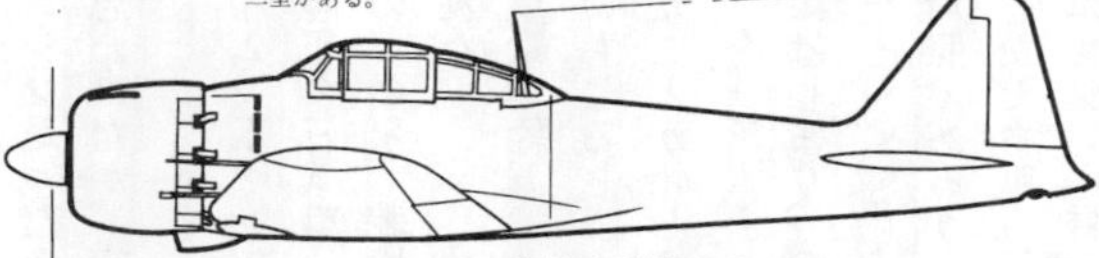

零式艦上戦闘機五二型　Ａ６Ｍ５

このあと、五二型甲、乙、丙と変り、A6M5a、A6M5b、A6M5cとなる。

零戦五三型丙　Ａ６Ｍ６Ｃ（エンジンを水メタノール噴射の栄三一型に変えた。五二→五三）

〃　六三型　Ａ６Ｍ７　零戦六三型（胴体下面に250kg爆弾を装着するため機体各部をかなり補強した。五三→六三）

〃　五四型丙　Ａ６Ｍ８Ｃ

（エンジンを「金星」六二型1350馬力に変えた。五三→五四）

力の三菱製「金星」六二型が使われた。このエンジンは新型ではなく、すでに陸軍の一〇〇式司令部偵察機などに使われて実績もあり信頼性のたかいエンジンだったから、予想どおりの好性能を発揮し、ゼロ戦の栄光がわずかによみがえるかに思われたが、完成したのは試作二機だけで量産機が出ないうちに戦争が終わってしまった。

なお、「金星」六二型は数に余裕があったため、これもダイムラーベンツを国産化したハ40および「アツタ」エンジンの不調と生産遅延で悩んでいた陸軍の三式戦「飛燕」と海軍の艦上爆撃機「彗星」に使われて好結果をもたらした。ゼロ戦の「金星」装備型は五三型丙のエンジン変更であるところから五四型丙、A6M8Cとよばれた。

「金星」エンジンは「栄」にくらべて直径で約一〇センチ、重量で約五〇キロ上まわり、エンジン覆いの形がやや大きくなったが、それでも性能向上はいちじるしいものがあり、出力向上の望めない「栄」にいつまでも頼らなければならなかったことが惜しまれる。

この点ではゼロ戦より三年も前に飛行したイギリスのスーパーマリン「スピットファイア」が最大出力一〇四五馬力のロールスロイス「マーリン」にはじまり、5型に至って「マーリン」を一四七〇馬力までアップし、ここからいっきょに二〇〇〇馬力級の「グリフォン」エンジンに換装して、とうとう戦後まで使われたのと好対照であろう。

これを日本に当てはめるなら「栄」二一型で最高性能に達したゼロ戦五二型の次に、栄エンジンの一八気筒版ともいえる同じ中島製の二〇〇〇馬力級エンジン「誉《ほまれ》」に換装するといったところだ。「誉」は日本の水冷式エンジン同様、信頼性の点で問題があったことは周知のところで、終戦間際に一五〇〇馬力の「金星」エンジンに換装するのがやっとであったところに、日本の総合的な技術力ならびに国力の限界があったというべきだろう。

沖縄上空、五二型と「ヘルキャット」の戦い

胴体機銃を七・七ミリ、一三ミリ各一梃に強化し、風防前面の防弾ガラスおよび胴体タンクの自動消火装置など防弾装備についても一歩前進したゼロ戦五二型乙は、五二型および五二型甲とともに昭和十九年後半から二十年にかけて、怒濤のように押し寄せる連合軍の攻勢の矢面《やおもて》に立って奮戦した。

「五二型操訓、出発します。98号」

土ほこりの多い厚木飛行場の指揮所のテントの前を、戦闘三〇三飛行隊の搭乗員たちは、今日も気合いの入った声と、殺気立ったキビキビした動きで、地上指揮官に届けていた。そして、届け終わると、矢のように搭乗機に向かって走り去っていた。

空戦、射撃、編隊等、数多い飛行作業の中で、新しく到着した零式艦上戦闘機五二型に対する操縦訓練が織りまぜられて、順次、搭乗員たちの試乗がはじめられていた。

それは、昭和十九年四月の、厚木基地の第二〇三海軍航空隊での、飛行作業のひとコマであった。

それまでに毎日のように乗りこなしていたゼロ戦二一型や三二型と違って、この五二型は

翼端が短く丸くなり、翼の二〇ミリ機銃は、三〇センチほども、ヌーッと無気味に前縁から突き出して、敵をして、ますますその心胆を寒からしめ、また、乗る者には、豹の鋭い爪がいっそう長く延びたかのような、心強い感慨にかりたてた。

エンジンを見ると、排気管はロケット式の単排気となっていた。従来の集合式と異なって、左右に突き出した数本の単排気管は、少しでも、多くの空気を後に後にと蹴り飛ばし、二一型の〝ボワーン〟と寺の梵鐘《ぼんしょう》のような柔和な音はなくなり、何か荒々しい、荒野の暴れ馬のヒヅメの音のように、バリバリと周囲の空気を何の気兼ねもなく打ち破ってとどろいた。

搭乗員たちは、みな一様に、新しく、そして美しく、速くて精悍なこの駿馬を前にして、胸の底から驚嘆し、いっそうの勇気がわいてくるのを覚えた。搭乗員たちの顔に赤々と血がのぼり、目が輝いてきた。

飛行隊長岡島清熊少佐の下には、ラバウルの撃墜王西沢広義飛曹長がいた。長身で目が鋭く、眉の太い西沢はその精悍な顔つきから、「なるほど、あれが一五〇機の撃墜王だ」と納得させるものがあり、その厳しさに恐れを抱きながらもこのような偉大な先輩に指導を受けることを、後輩たちは光栄とした。（安部正治『零戦五二型空戦記』、文林堂刊『世界の傑作機』第54集『零戦』より）

五二型の数は日を追ってふえ、訓練の進んだ戦闘三〇三飛行隊は厚木、千歳、北海道の美幌、そして千島へと、北方戦線を経てから一転して南のフィリピン戦線に移動し、十月二十五日からレイテ作戦に参加した。隊員たちは全員が五二型による訓練と実戦の経験によってその技能は磨かれ、度胸も据わって強い戦士に成長していた。

戦闘三〇三飛行隊がレイテ作戦に参加して六日目の昭和十九年十月三十一日、制空に出動したゼロ戦五二型乙とＰ38との間で空戦が起きた。

最初の攻撃でＰ38数機が白煙を吐いて降下していったので、止めを刺すためゼロ戦パイロットがスロットルレバーをいっぱいに前に押してダイブしたが、Ｐ38との距離は開く一方で逃げられてしまった。敏捷《びんしょう》になった五二型ではあったが、大出力を生かした高速のＰ38にはおよばず、ＯＰＬ照準器の中に敵機をマークしながら追い切れない口惜しさに、ゼロ戦パイロットたちは機内で地団太を踏んだ。

沖縄出撃前、航空図を前に打ち合わせ中の搭乗員たち

――昭和二十年四月二十二日、沖縄に対する菊水四号作戦が実施された。

約三〇機のゼロ戦五二型集団が沖縄上空にさしかかると、空母から発進したＦ６Ｆ「ヘルキャット」とＦ４Ｕ「コルセア」に遭遇した。

互いに躍りかかり、空戦の渦ができた。五二型の翼端から白いすじが二本、雲のシュプールとなって蒼空に幾本もの輪を描いた。

二〇ミリが火を吐く。

「ヘルキャット」の一三ミリ六梃がいっせいに火を吐き、空中に弾道の網をつくる。そして翼の後方に紫の煙が、秋のいわし雲のように吹き出ると、サーッとかき消されていった。トンボが目玉をクルクル回すように、ゼロ戦搭乗員たちは見張りをしながら旋回し、急降下し、急上昇する。そして背面となって撃ち、「ヘルキャット」「コルセア」などとの激闘がつづき、やがて火を吐くもの、煙を吐くものなど、墜ちるものは墜とされていった。

空中戦には人の血は見えない。火と煙、日の丸と白い星が、紺碧の空間に幾重にも錦を織り成し、あたかも美しい舞いか競技を展開しているかのようであった。

これが〝いのち〟の取り合いか！　殺し合いか！

そうは誰の目にも見えないほど、それは美しいものであった。だが、燃える機上では顔は焼け、鼻腔には炎が流れ込み、血が吹き飛んで骨が砕かれていたのだ。（前出、安部正治空戦記より）

ゼロ戦五二型乙は、二〇ミリ機銃二梃に、一三ミリ、七・七ミリ機銃をそれぞれ一梃ずつ装備していた。

「天下の浪人・岩本虎徹」――岩本徹三少尉（のち中尉）。あの西沢飛曹長を上まわる二〇

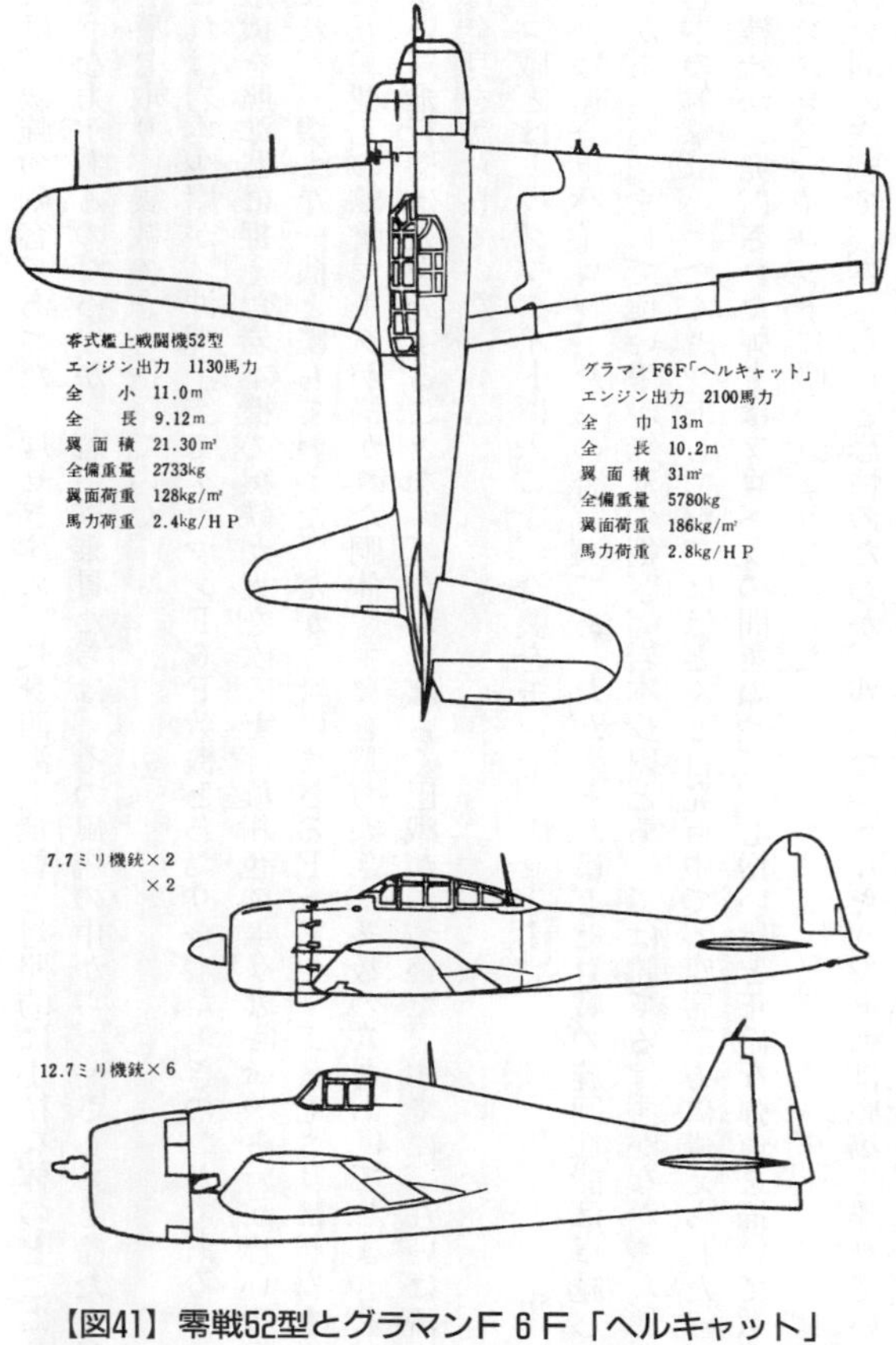

【図41】零戦52型とグラマンF6F「ヘルキャット」

〇機の撃墜王岩本少尉も、当時、戦闘三〇三飛行隊に姿を見せていた。

彼は、凄腕の剣客であった。痩せぎすの、長身西沢上飛曹と対照的に小柄な体のどこにそのような力があるのだろうか。若い搭乗員たちは、その風貌の中から、やさしさと冷たい殺気を感じ取り、畏敬の念を抱いていた。

これは岩本少尉が、沖縄上空でグラマンF6F数機とわたり合ったときのことである。

敵機を照準器に捉えた岩本機の機銃が火を吹くと、濃紺色の「ヘルキャット」が赤い火に包まれ、一機また一機と墜ちていった。だが、数にまさるF6Fの一二・七ミリは、岩本少尉の五二型乙の撃墜マークが描かれた胴体や主翼を撃ちぬき、多数の穴をあけてしまった。

幸い、飛行機は火を発することなく、なおしばらく巴戦がつづいた。すでに、互いに流す汗は全身を濡らしていた。

「ゼロ戦とはドッグファイトに入るな、奇襲をモットーとせよ！」

これは連合軍パイロットたちの合言葉であったが、それほどゼロ戦の旋回性能は卓越したものがあった。まして使い手が無双の剣客、岩本少尉とあっては勝てるはずがなかった。

岩本の射撃はいったんセットして撃てばほとんど百発百中で、座席前方に備えられた一三ミリ機銃から発射された弾丸はプロペラの間をぬって、心憎いほど正確な弾道を描いて敵機のエンジンとパイロットに吸い込まれていった。

数分間の空戦で、あきらめと恐怖のためか、残った「ヘルキャット」は戦場を離れていった。岩本も、傷だらけになったゼロ戦を操って基地にたどり着いた。

「この戦闘は私も一緒に行きましたが、ものすごい乱戦になり、次第に高度が下がってやっとの思いで空戦場を離脱した記憶は今なお鮮明に覚えています。岩本さんも私も単機になって別々に帰ってきたのですが、岩本さんのゼロ戦は本当に穴だらけで、よく帰って来れたものだとみんなで感心しました。たしか三〇発くらい被弾していたように記憶していますが、致命的な部分を外れていたのが幸いでした。

岩本さん自身も左足先に機銃弾を食らい、着陸後もしばらく呆然としていました。あとで、その日の空戦について話し合ったのですが、上空からグラマンの不意打ちを食って全機が下方に避退したことについて、

『あんなときは、全機が降下するのではなく誰かが上昇するようでなければ駄目なんだ』と力説していた岩本さんの顔を思い出します」

この日の空戦に岩本とともに出撃した一三期予備学生出身の戦闘三〇三飛行隊土方敏夫中尉の述懐であるが、それにしても、岩本のような大ベテランでさえこの苦戦であった。

「五二型よ、もっと強くなれ。もっと速くなれ。敵に勝る馬力と火力を備えてくれ」

それはゼロ戦搭乗員たちの心からの叫びであった。

ゼロ戦でなくなった六三型

後継機の出現がないまま、次々に繰り出してくる敵の新鋭機群に対抗するため、ゼロ戦五二型についで五二型甲、乙を送り出したが、さらに武装の強化が望まれたので一三ミリ機銃

を三梃に増やした五二型丙と、二五〇キロ爆弾装備の戦闘爆撃機型六三型が生まれた。

五二型丙と六三型は武装強化で重量が増えたぶん機体の強度を上げなければならないので、先に五二型甲で増やした主翼外板の板厚をさらに増やすと同時に胴体の構造も強化したが、この設計変更がこれまた微細にわたった。

すなわち、精密な荷重の見積もりと強度計算の結果、水平安定板の前後桁間の板厚を一・四ミリから一・六ミリに、座席後方の胴体隔壁五番から七番までの約一メートルの間のL型縦通材の板厚を〇・八ミリから一ミリに、この間の外板の厚みを〇・五ミリから〇・六ミリおよび〇・八ミリに、七番隔壁から後ろのL型縦通材の板厚を〇・八ミリから一ミリに増やすなど、じつにきめ細かい設計変更をやっている。

こんな面倒なことをやらないで、外板も縦通材も一様に板厚を増やしてしまえばよさそうなものだが、そうすることによって増えるわずかな重量増加をも避けるためで、堀越流の設計方針はここでも厳格に貫かれていた。こうした手の込んだ機体の構造設計は現代のジェット機などでは当たり前になっており、ゼロ戦の機体構造設計思想は時代を先取りしたものといっていいだろう。

それにしても、高速の計算機能を持ったコンピューターなどなかった時代に、計算尺や手回しの計算機でこの面倒な作業に取り組んだ当時の設計者たちには尊敬の念を禁じえない。

実質上、ゼロ戦の最終量産型となった六三型は、その多くが特攻機として使われたので、搭乗員の多くは戦死して搭乗の体験を語れる人は少ないが、前出の戦闘三〇三飛行隊分隊士土方敏夫中尉はその数少ない一人だ。

「六三型は座席に一三ミリ機銃一梃、片翼に二〇ミリ機銃一梃とその外側に一三ミリ一梃ずつの合わせて五梃の機銃に加え、操縦席の後ろに防弾鋼板を備えていたのですごく重くなっていた。機銃を沢山積んでいるのはいかにも心強かったが、訓練で乗った二一型、三二型、五二型などと比べると、軽快な運動性を誇ったゼロ戦の味はすっかり失われていた。

私の戦闘記録によると、元山航空隊戦闘機隊として九州笠ノ原基地にいた四月八日から十八日までの間に、この鈍重なゼロ戦六三型で三回の戦闘を経験した。

四月九日（月）　邀撃戦

照準器と20ミリ機銃

四月十二日（木）　沖縄上空制圧および邀撃戦
四月十五日（日）　KDB（機動部隊の略号）索敵攻撃

これらの戦闘では、これまでになじんだ五二型のように自由自在に飛び回ることができず、なんとなくしっくりこなかったことが記憶に残っている。とくに、着陸時の第四旋回などは舵の効きも悪く、失速しないよう非常に神経を使ったし、空戦では軽快性に欠け、ゼロ戦らしくない戦闘機であると感じていた。

その後、（昭和二十年）四月十八日付で二〇三空戦闘三〇三飛行隊所属となったとき、六三型は防弾鋼板と両翼の一三ミリを外して五二型仕様に戻してしまった」（土方）

これが土方の六三型評であるが、土方はこれとは別にゼロ戦の機銃装備についても疑問を禁じえないと、次の三点を挙げている。

その一つは、二〇ミリ機銃の携行弾数の少ないことだ。

ベルト給弾式になった五二型甲の二号銃で一銃あたり一二五発、この機銃の発射速度が毎分四七〇発だから、発射レバーを一五秒間握っていれば、全弾撃ち尽くしてしまうことになる。

「私などは技術が未熟だったので、かならず弾丸を残しておけと言われながらも、全弾撃ち尽くしを何度もやった。せめてこの倍の三〇〇発くらいは携行できたらと思う」と土方は語るが、ゼロ戦の後継機「烈風」は二〇ミリで二〇〇発、アメリカ海軍のF6F「ヘルキャット」やF4U「コルセア」は一二・七ミリで四〇〇発（いずれも一銃あたり）だった。「コ

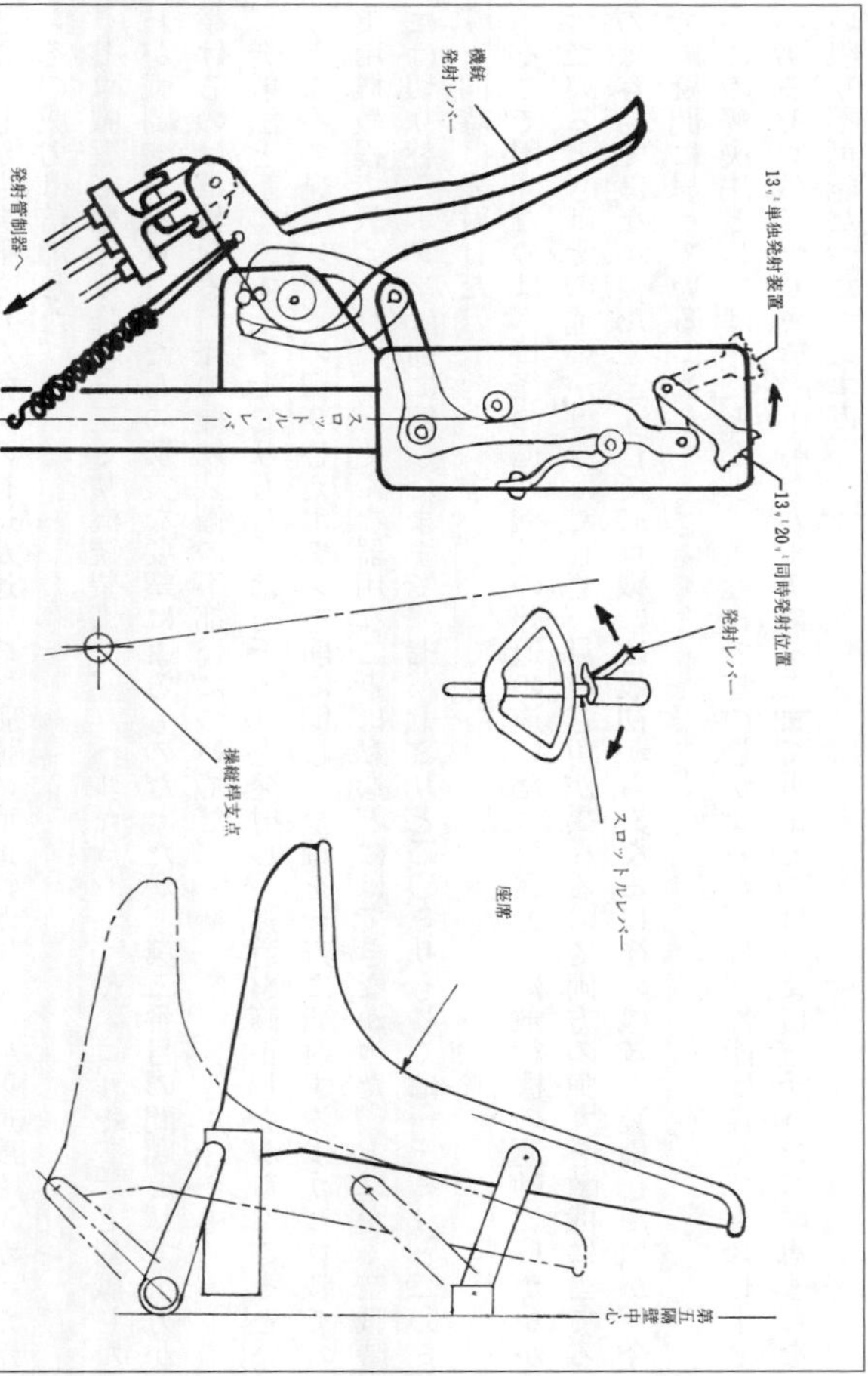
機銃発射レバー
発射管制器へ
13㎜単独発射装置
スロットル・レバー
13㎜・20㎜同時発射位置
発射レバー
スロットルレバー
操縦桿支点
座席
第五隔壁中心

【図42】機銃発射装置

ルセア」の二〇ミリ装備型でも二二〇発だったから、ゼロ戦よりずっと余裕のある戦闘ができた。しかも発射された弾丸の初速が速いので弾道の直進性がよく、発射速度も速かったからその威力は倍加した。

ゼロ戦五二型乙以降の一三ミリ機銃装備は、「ヘルキャット」や「コルセア」と対戦したわが戦闘機パイロットたちの切実な要望によるものだったが、第二番目の問題として土方が挙げるのは、異なる口径の機銃装備の不都合についてだ。

「発射法としてまず七・七ミリもしくは一三ミリを発射し、弾道を修正しながらここぞというところで発射レバーの切り替えボタンを前に倒し、全銃を一斉に発射するようゼロ戦での実用機教程で教えられたが、そんな器用なことは私などにはできなかった。とにかく空戦時には切り替えボタンは前に倒したままで、七・七ミリと二〇ミリもしくは一三ミリと二〇ミリを同時に発射した。

そこで困ったのは、口径の違う機銃の弾道の違いだった。とくに飛行機の運動でGがかかっているときはその違いがはなはだしく、見越し角が異なるので両方の弾丸を敵機に当てるのは容易ではなかった。どうしてゼロ戦には最初から異なる口径の機銃を装備したのか、今でも疑問に思っている。

この解決法としてはとことんまで接近して撃つしかないが、旋回性能は良くてもスピードの劣るゼロ戦でヘルキャットやコルセアにそこまで近寄るのは、よほどチャンスに恵まれない限り不可能だった」（土方）

三番目に土方は、射撃訓練のやり方をあげている。

戦争末期であったとはいえ、一三期予備学生たちは曲がりなりにも一通りの飛行訓練を受けることができた。しかし射撃については七・七ミリだけで、標的曳航機の引っ張る吹き流しを射撃する訓練しか受けておらず、飛行学生または飛行練習生（予科練）の教程で、二〇ミリによる射撃訓練を受けたという話は聞いたことがないという。したがって、土方が二〇ミリ機銃を発射したのは、実戦の場が最初であった。

「二〇ミリが主力の機銃であるならば、二〇ミリによる射撃訓練は絶対に必要なはずだが、それがまったくなされていなかったのは不思議で、はじめて二〇ミリで射撃した時は驚いた。翼の振動もさることながら、発射音といい弾道といい七・七ミリとはまるで違う。これでは敵機に命中させせろという方が無理だと思った。

これらのことから、ゼロ戦で戦果をあげるには、飛行時間数の多いベテランでなければ難しいことになる。戦争末期になってなかなか戦果があがらなくなった原因の一つは、こうしたベテランが少なくなったことにもあるのではないか。

私が徳之島上空で撃墜したF6Fヘルキャットの場合は、左後上方から距離約一〇〇メートルで射撃したので、座席後方に二〇ミリ弾があたるのがはっきりわかった。命中したときの二〇ミリ弾の威力はすごかったが、なかなかそういうチャンスがなかったのが実情だった。

それにくらべ、ヘルキャットやコルセアなどは、左右両翼の合計六梃の一三ミリを同時に発射してきた。彼らに追いかけられると、両翼の前面が真っ赤に見え、翼の下に薬莢がすだれのように落ちていくのがよくわかった。そのたびに私は彼らの搭載している六梃の一三ミリ機銃をうらやましく思い、これならある程度の訓練で戦果を挙げることは可能ではないかと思った。

私の隊で撃墜して捕虜にしたヘルキャットの搭乗員が、同じ学生出身の予備士官であったことからいろいろ聞いたところによると、彼らは飛行時数が三〇〇から四〇〇時間くらいで実戦に参加していたようだった。私がはじめて戦闘に参加したころの飛行時数が三三八時間だったからそんなに変わりはない。結局は飛行機の性能、それに訓練内容、とくに射撃訓練の方法や回数の違いが勝敗を分けたのではないかと思われてならない」（土方）

そもそもゼロ戦の取り柄は長大な航続距離と、軽い機体と緻密な空力設計にもとづく優れた空戦性能＝格闘性にあったが、それが保たれたのは五二型乙あたりまでで、五二型丙や六三型になるとその良さはすっかり消え去り、並みの飛行機になってしまった。そうなると速力の遅いぶん不利となり、土方が体験したようによほど条件が良くないと勝てなくなってしまった。

こうしてゼロ戦がゼロ戦らしさを失った結果は、二五〇キロ爆弾を抱いた特攻に活路を見出すしかなくなった。ちなみに、昭和十九年十月にフィリピンの戦闘からはじまった特攻作戦で、海軍機二二六三機が突入したが、このうち戦闘爆撃機型を主力とするゼロ戦は一一九四機に達し、過半数を占めている。

ゼロ戦覚え書その四——ゼロ戦の武装

○搭載機銃の口径と数と携行弾数
一一型の三号機まで　七・七ミリ二梃×四五〇発＝九〇〇発、二〇ミリ二梃×六〇発＝一二〇発
一一型四号機～五二型　七・七ミリは右に同じ、二〇ミリ二梃×一〇〇発＝二〇〇発
五二型甲　七・七ミリは右に同じ、二〇ミリ二梃×一二五発＝二五〇発
五二型乙　七・七ミリ一梃＝四五〇発、一三ミリ一梃＝二三〇発、二〇ミリ二梃×一二五発＝二五〇発
五二型丙、六三型　七・七ミリ廃止、一三ミリ三梃＝七一〇発、二〇ミリは右に同じ

○搭載各機銃の最大有効射距離
最適射撃距離は一〇〇～二〇〇メートルで、三〇〇メートルを超えると命中率はずっと低下する。七・七ミリ機銃の有効射程は約五五〇メートルで、二〇ミリ機銃は銃身の短い九九式一号銃が約七三〇メートル、長銃身の二号銃が約九〇〇メートルだった。
○搭載各機銃の貫徹能力
一三ミリ機銃は、距離五〇〇メートルで約一〇ミリ厚の、距離一〇〇〇メートルで約五ミリ厚の鋼板を貫通した。

二〇ミリ機銃は、九九式一号銃が距離五〇〇メートルで約一八ミリ、距離一〇〇〇メート

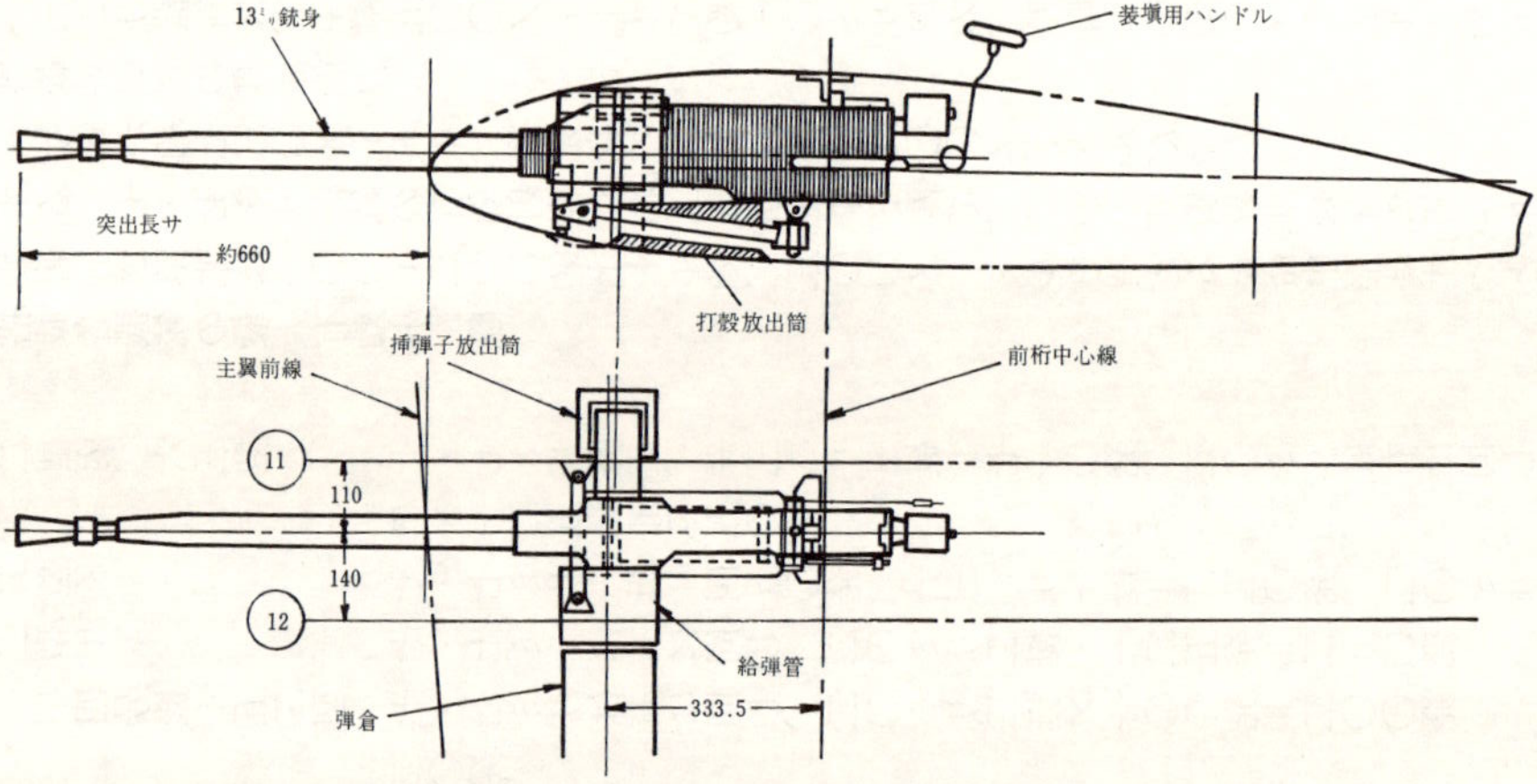

【図43】52型丙の翼内13ミリ機銃装備図

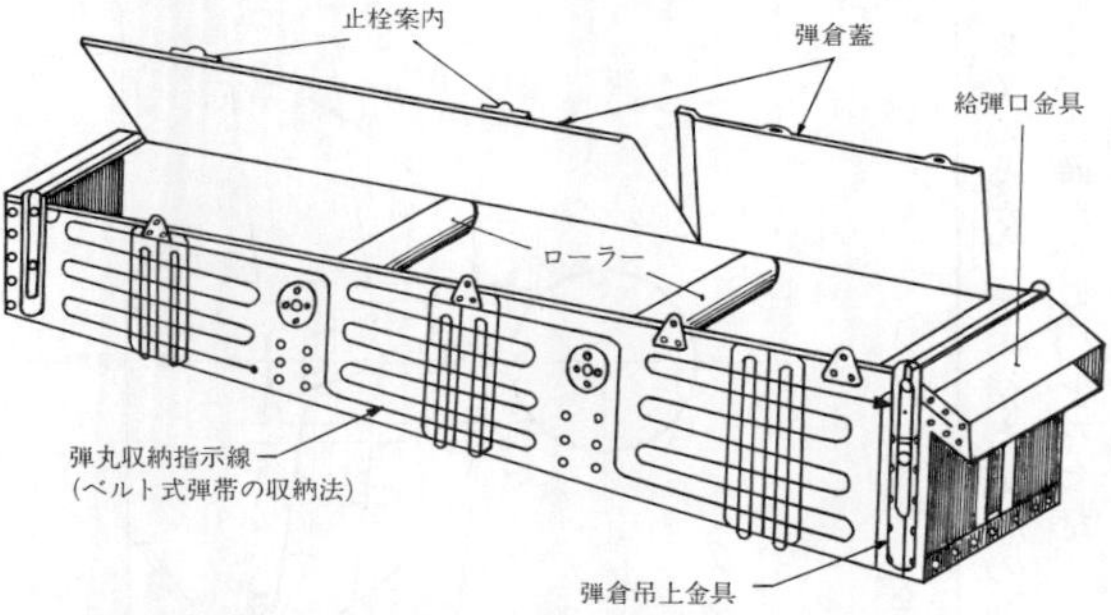

【図44】翼内13ミリ機銃用ベルト式弾倉

ルで約一〇ミリ厚、銃身の長い二号銃が距離五〇〇メートルで約二四ミリ、距離一〇〇〇メートルで約一五ミリ厚の鋼板を貫通した。

○爆弾搭載量

一一型から五二型乙までは三〇キロまたは六〇キロ爆弾四発で、五二型丙も三〇キロのロケット爆弾四発までだった。急降下爆撃用の戦闘爆撃機型は二五〇キロ爆弾一発を搭載したが、六三型では五〇〇キロまで積むことができた。なお、特攻機の場合は、一一型や五二型でも二五〇キロ爆弾を積んだ。

ゼロ戦の終焉

開戦から約半年たったアリューシャン作戦で、島のツンドラ地帯に不時着した二一型の一機がほとんど無傷のまま敵の手に渡った。この貴重な贈り物を手にしたアメリカは徹底的に解剖し、その解析結果を新鋭機の開発にフィードバックしたことはよく知

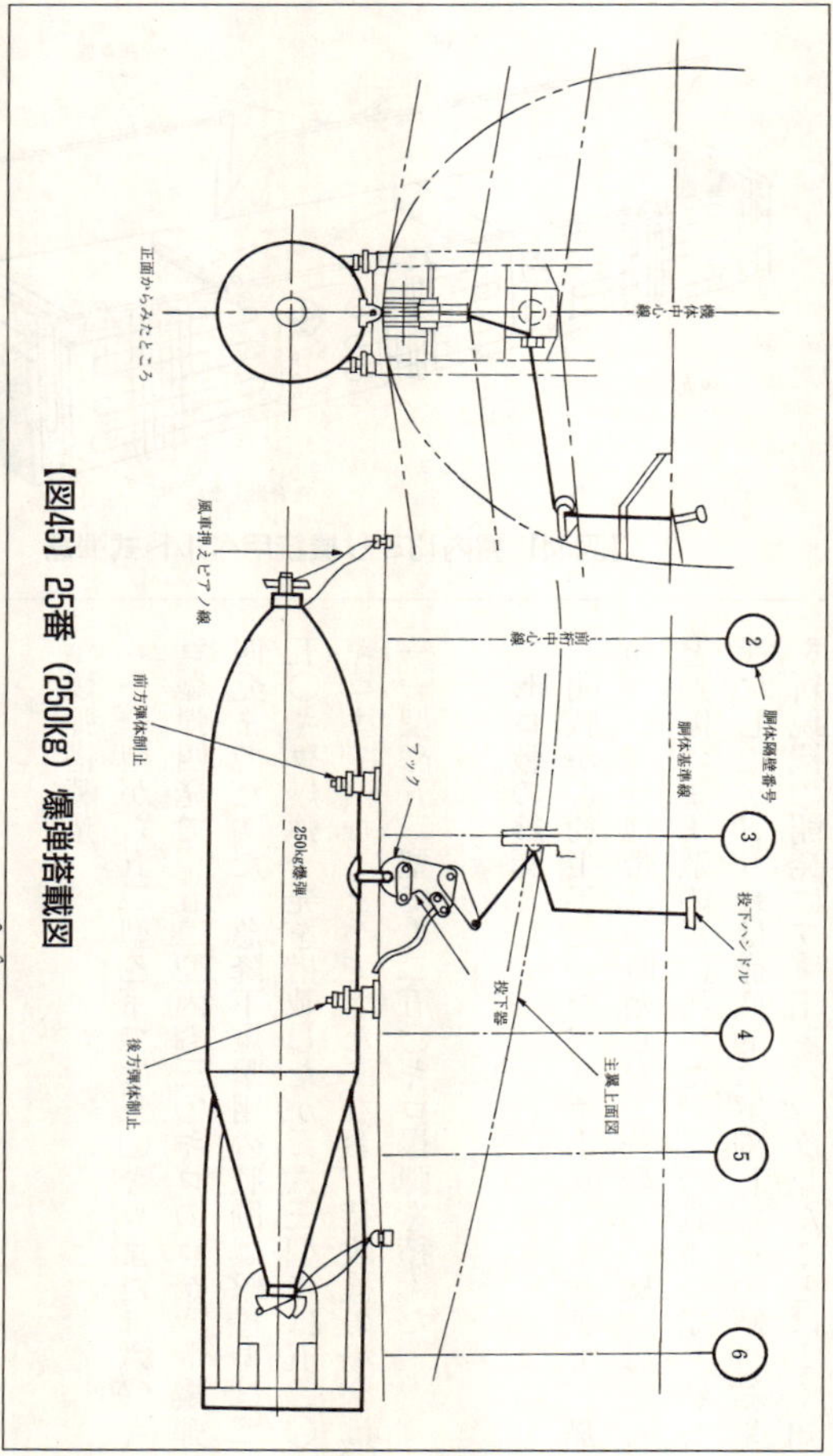

【図45】25番（250kg）爆弾搭載図

られているが、その後も戦局の進展にともなってゼロ戦の鹵《ろ》獲《かく》数も増え、その解析と評価はいよいよ確かなものとなった。

戦時中にアメリカ海軍がまとめた、ゼロ戦とアメリカ海軍の代表的艦上戦闘機F４U「コルセア」、F6F「ヘルキャット」との性能比較およびそれにもとづく戦訓を見ると、じつに的確にゼロ戦の強みと弱みを捉えていたことがわかる。

最高速度はゼロ戦五二型の五三六キロ／時に対してF4U-1D「コルセア」が六六〇キロ／時、F6F5「ヘルキャット」が六五四キロ／時で、二倍近いエンジン出力の差が歴然としている。

上昇力は高度三〇〇〇メートルあたりまではほぼ互角かゼロ戦がわずかに上だが、それより高度があがるにつれて「コルセア」や「ヘルキャット」が優勢となる。

視界はあらゆる点でゼロ戦がまさっているが、パイロットの頭部を防護する防弾板はない。

運動性は三三〇キロ／時以下でのゼロ戦の能力は驚異的で、「コルセア」「ヘルキャット」ともに比較にならない。しかし、この優位も速度の増加とともに目立たなくなり、三七〇キロ／時を超えると「コルセア」「ヘルキャット」が優位となる。

これらのことから、次のような戦闘の際の注意が挙げられている。

一、ゼロ戦とは決してドッグファイト（格闘戦、巴戦）をするな。

二、宙返りをするゼロ戦の後を追うな。

三、危機に際し半横転で脱出しようとするな。

四、攻撃に出るときは、有利なパワーと高速性能を活かし、最良のチャンスをとらえよ。

後方についたゼロ戦から逃れるには、反転し、急降下して高速での旋回に入れ。

つまり敵はゼロ戦の得意とするドッグファイトや、細かい舵を使う運動は絶対に避け、パワーとスピードを生かした一撃離脱戦法に徹することにしたのである。これに対して、日本側の対応は後手後手に回った。

「アメリカの戦闘機に対する考えも、はじめは格闘戦第一だった。それが格闘戦でゼロ戦に勝てないものだから、どんどんエンジンの馬力を上げてスピードを増し、一撃離脱戦法に切り替えた。相手の戦法が変わったのでこちらは具合が悪くなった。こちらも何かを変えなければならないが、戦場が日本本土からずっと離れた広い地域にまたがっているので、航続距離を犠牲にするわけにはいかない。

スピードの速くなった敵機を追いかけるには、こちらもスピードが必要だ。搭載兵器も二〇ミリの弾数を増やせ、機銃も増やせと兵装強化の要求も切実だった。そうこうしているうちに、今度は防弾強化の問題が出てきた。相手はパイロットの後ろには防弾鋼板、燃料タンクも防弾式で、タマがあたっても墜ちにくい。こちらは防弾はサッパリだから犠牲が大きい。

ところが会議では、防弾なんかやると重くなって性能が落ちるから、訓練をやって技量で補うようにしろというタカ派の人、いやアメリカのやり方が正道だというハト派の人など、いろいろな意見が出る。それも軍人だから具体的にどうするというような意見ではなく、精神論が多くて我々もどうしていいか迷った。

タカ派の主張する防弾不要の意見もかなり強かったが、大勢は少しはやった方がいいというところに落ち着いた。そこでまた重量が増えることになるが、エンジンの馬力はほとんど増えない、しかもスピードを上げるため、主翼は小さくなっている。

結局、いろいろな要求を満たすためには、そのたびに性能が低下し、敵に対する優位性が次第に失われていった」（曽根）

こうした相矛盾する要求は、当然ながら設計者たちに過重な負担をもたらした。

会議は三菱の設計室がある名古屋でも行なわれたが、海軍との打ち合わせはたいてい横須賀の海軍航空技術廠会議室だった。新幹線のようなすばらしい乗り物などなかった時代だから、名古屋から横須賀に行くのも一仕事だった。

海軍から会議開催の連絡があると、担当者は夜遅い汽車で名古屋を出る。今のような快適なブルートレインがあるわけではなく、夜行でゴトゴト走って朝東京に着く。そして横須賀での会議が終わるとまた夜汽車で帰り、翌朝そのまま出社して仕事をする。それで休みは月に二回だったから、週休二日が一般化した現在では考えられないハードな仕事ぶりだった。それでもたまの休日にはテニスで汗を流すなどできたが、戦争も末期になるとテニスどころか月二回の休日すらなくなり、海軍でいう〝月月火水木金金〟なみのハードな仕事に技術者たちを駆り立てた。

陸軍が中島と川崎の両社に戦闘機を試作させ、しかもこの両社ともたえず二、三機種を同時進行させていたのに対し、海軍は川西航空機が「紫電」「紫電改」を自主的にはじめるまでは戦闘機設計は三菱だけ（開戦時）。しかも三菱社内の多忙な事情もあって堀越二郎、曽根嘉年技師らのグループただ一つという状況だった。したがって、すべての負担がこの設計チームに集中した。

彼らは十二試艦戦すなわちゼロ戦を仕上げたあと、すぐ局地戦闘機「雷電」にかかり、そのあと十七試艦上戦闘機「烈風」をやった。堀越チームだけではとてもこなしきれないので、本庄季郎技師や佐野榮太郎技師らの助けを借りたが、新しい「烈風」の開発をやりながらゼロ戦や「雷電」のお守りもやるという、超過重な仕事を負うことになった。

それにしても、日本海軍はゼロ戦にこだわりすぎた。はじめの頃、ゼロ戦があまりにも良すぎたので、これなら当分いけるだろうと見通しを誤った。当分いけるというのはそのままでということではなく、性能向上を加えながらのはずだったが、欲張ってすべての要求を満たそうとした結果、ゼロ戦は最初から最高のバランスで仕上がってしまい、性能向上のマージンのきわめて少ない飛行機になってしまった。

ゼロ戦より先に出現していたメッサーシュミットMe109やスーパーマリン「スピットファイア」が、パワーアップと武装強化を重ねながらずっと性能向上をつづけていたことを考えると、ゼロ戦の命のはかなさがわかるが、もしMe109や「スピットファイア」にゼロ戦なみの長大な航続力と格闘性が要求されていたとしたら、それはなかったに違いない。

それだけにゼロ戦の後継機を早く手がけなければならなかったのだが、ゼロ戦の前身である十二試艦戦から次の十七試艦戦「烈風」まで、じつに五年のブランクがある。

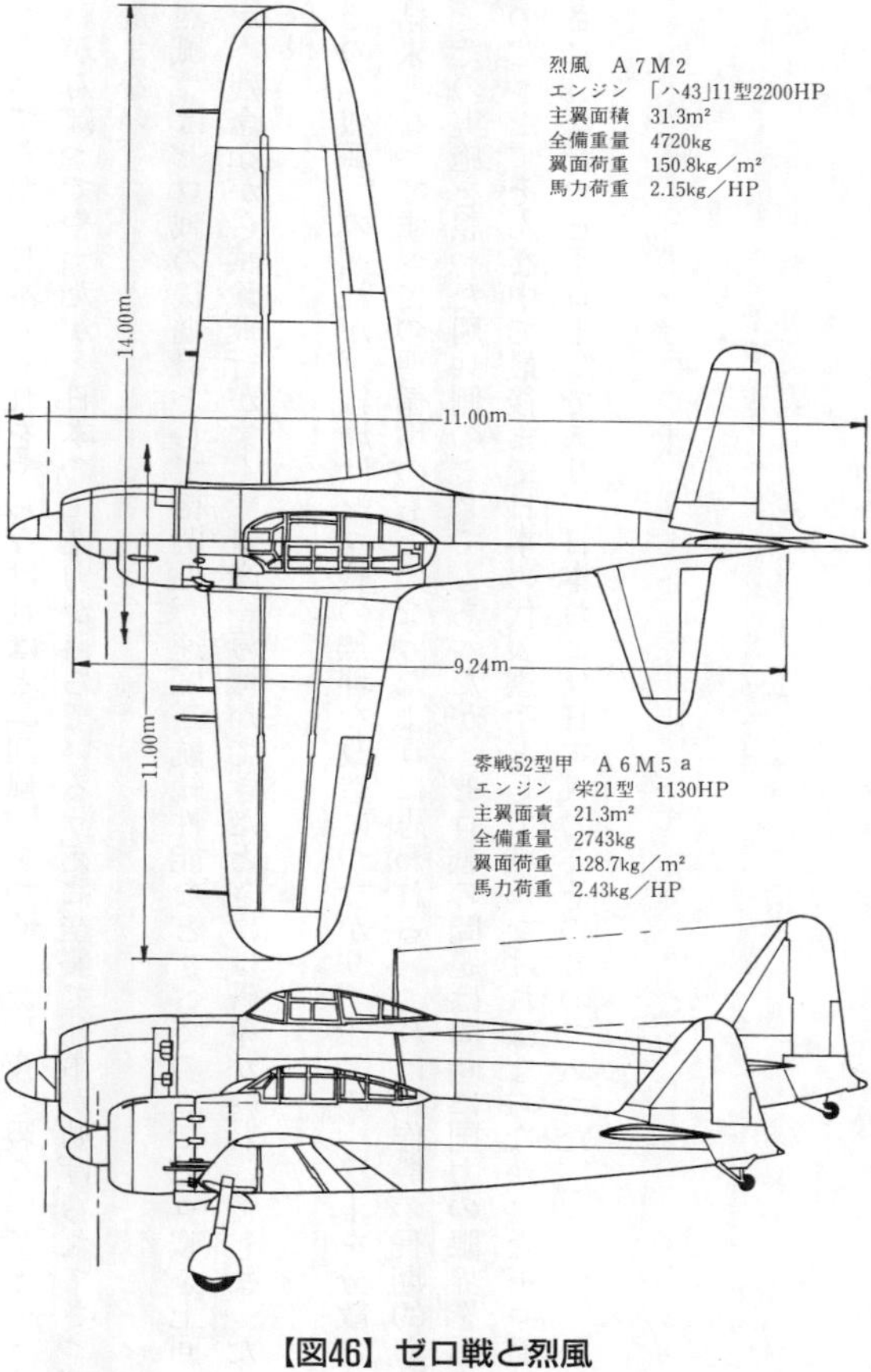
烈風　Ａ７Ｍ２
エンジン　「ハ43」11型2200HP
主翼面積　31.3m²
全備重量　4720kg
翼面荷重　150.8kg／m²
馬力荷重　2.15kg／HP
14.00m
11.00m
9.24m
11.00m
零戦52型甲　Ａ６Ｍ５ａ
エンジン　栄21型　1130HP
主翼面責　21.3m²
全備重量　2743kg
翼面荷重　128.7kg／m²
馬力荷重　2.43kg／HP

【図46】ゼロ戦と烈風

「こちらがゼロ戦の改造に追われている間に、アメリカはゼロ戦を研究して性能の違うものをつくってきた。日本もそれをやらなければと『烈風』をつくった。夜も寝ないでというくらいがんばってやったが、日本の工業力が落ちているうえに空襲で仕事が妨げられてさっぱり進まない。

『烈風』はゼロ戦の後継機として格闘性、速度、航続性能などすべての点でゼロ戦を上回ったが、残念ながら試験飛行がすんで量産一号機ができたときには戦争が終わってしまった」

（曽根）

その「烈風」の遅れが、結局はゼロ戦の無理な改造につながり、設計のパワーを分散させる結果となってすべての悪循環のもとになったように思われる。これは試作機の長期的な計画とその実施を誤った用兵側のミスでもあったが、ゼロ戦の問題は同時に国力の限界を示すものだった。そんな中で最後まで日本の代表選手として戦わなければならなかったゼロ戦は、まさに〝悲劇のヒーロー〟であり、日本および日本人の姿そのものであった。

参考ならびに引用文献＊「零戦」堀越二郎／奥宮正武共著（日本出版共同・昭和二十八年一月）＊「零戦」堀越二郎（光文社・昭和四十五年三月）＊「零戦―設計主任の回想」堀越二郎（光人社・秋本実編「伝承零戦」第一巻・平成八年七月）＊「零式艦上戦闘機取り扱い説明書」（海軍航空本部・昭和十九年）＊「日本海軍航空史（3）制度・技術篇」日本海軍航空史編纂委員会編（時事通信社・昭和四十四年十月）＊「航空技術の全貌」（上・下）岡村純編（原書房・昭和五十一年）＊「海軍航空年表」海空会編（原書房・昭和五十七年）＊「航空情報別冊・日本海軍機」航空情報編（酣灯社・昭和四十七年一月）＊「丸メカニック5・零戦」（潮書房・平成五年七月）＊「世界の傑作機54・零戦」（文林堂・昭和四十九年十月）＊「日本海軍戦闘機隊」秦郁彦・伊沢保穂・航空情報編集部編著（酣灯社・昭和五十年十月）＊「散る桜残る桜」甲飛十期会編（同会・昭和四十七年六月）＊「あゝ零戦一代」横山保（光人社・昭和四十四年一月）＊「大空のサムライ」坂井三郎（光人社・昭和四十二年五月）＊「神風特別攻撃隊の記録」猪口力平・中島正共著（雪華社・昭和三十八年八月）＊「日米航空戦史」マーチン・ケーディン著／中条健訳（経済往来社・昭和四十二年七月）＊「ラバウル」第二〇四海軍航空隊戦記（二〇四空戦史刊行会編・昭和五十一年八月）＊「そこは星条旗の墓場だった」G・ボイントン／峰岸俊明訳編（潮書房・「丸」昭和四十九年九月号）＊「愛機零戦の泣きどころ」土方敏夫（十三期会会報二十三号・平成十二年十二月）＊「生きている零戦」碇義朗（読売新聞社・昭和四十五年四月）＊「零戦」碇義朗（ＫＫワールドフォトプレス・昭和五十二年一月）

取材協力（順不同、敬称略）＊曽根嘉年／柳川昇／木村秀政／河辺正雄／田中正太郎／畠中福泉／柴田武雄／横山保／坂井三郎／柳谷謙治／大原亮治／柴山積善／大久保理蔵／安部正治／笠井智一／土方敏夫

単行本　平成十三年十月　「ゼロ戦」光人社刊
文庫本　平成二十二年四月　改題「本当にゼロ戦は名機だったのか」光人社刊
平成三十一年二月　改題「ゼロ戦の栄光と凋落」潮書房光人新社刊

ＮＦ文庫

ゼロ戦の栄光と凋落

二〇一九年二月二十一日　第一刷発行

著　者　碇　義朗

発行者　皆川豪志

発行所　株式会社　潮書房光人新社

〒100-8077　東京都千代田区大手町一-七-二

電話／〇三-六二八一-九八九一代

印刷・製本　凸版印刷株式会社

定価はカバーに表示してあります

乱丁・落丁のものはお取りかえ致します。本文は中性紙を使用

ISBN978-4-7698-3108-2　C0195

http://www.kojinsha.co.jp

NF文庫

刊行のことば

第二次世界大戦の戦火が熄《や》んで五〇年——その間、小社は夥しい数の戦争の記録を渉猟し、発掘し、常に公正なる立場を貫いて書誌とし、大方の絶讃を博して今日に及ぶが、その源は、散華された世代への熱き思い入れであり、同時に、その記録を誌して平和の礎とし、後世に伝えんとするにある。

小社の出版物は、戦記、伝記、文学、エッセイ、写真集、その他、すでに一、〇〇〇点を越え、加えて戦後五〇年になんなんとするを契機として、「光人社NF（ノンフィクション）文庫」を創刊して、読者諸賢の熱烈要望におこたえする次第である。人生のバイブルとして、心弱きときの活性の糧《かて》として、散華の世代からの感動の肉声に、あなたもぜひ、耳を傾けて下さい。